线性代数简明讲义

A Concise Course in Linear Algebra

洪 柳　谢 恒◎主编

中山大學出版社
SUN YAT-SEN UNIVERSITY PRESS
·广州·

图书在版编目（CIP）数据
线性代数简明讲义 / 洪柳，谢恒主编. -- 广州 : 中山大学出版社，2025. 8. -- ISBN 978-7-306-08465-1
Ⅰ. O151.2
中国国家版本馆 CIP 数据核字第 2025DR1850 号

XIANXING DAISHU JIANMING JIANGYI

出 版 人：王天琪
策划编辑：曾育林
责任编辑：梁嘉璐
封面设计：曾　斌
责任校对：王百臻
责任技编：靳晓虹
出版发行：中山大学出版社
电　　话：编辑部 020-84110776，84113349，84111997，84110779，84110283
　　　　　发行部 020-84111998，84111981，84111160
地　　址：广州市新港西路 135 号
邮　　编：510275　　　　传　　真：020-84036565
网　　址：http://www.zsup.con.cn　　E-mail: zdcbs@ mail.sysu.edu.cn
印 刷 者：佛山市浩文彩色印刷有限公司
规　　格：787mm×1092mm　1/16　7 印张　162 千字
版次印次：2025 年 8 月第 1 版　　2025 年 8 月第 1 次印刷
定　　价：38.00 元

序言

随着大数据科学及人工智能的兴起，数学在科学和工程众多领域的基础性作用得到进一步凸显，大学各专业的人才培养方案中数学课程学习也得到强化。但在这个强化过程中，我们需要思考这样一个问题：如何才能实现强化的目标？目前多数的强化方案侧重于课程学习内容的增加，但数学学习的核心应该是通过课程学习建立起数学逻辑思维能力，重点在于思维能力训练。在数学课程教学过程中，数学学习往往会因为课时限制和学生主修专业要求等，变成纯粹的知识积累过程，只强调数学方法，但对这些数学方法后面的思想则尽量采取弱化方式来处理，这与学习数学的初衷并不一致。尽管线性代数是一门非常成熟的课程，所涉及的内容也相对固定，但如何在教学过程中将线性代数的思想和方法准确、高效地传达给学生，仍是一个不断发展完善的课题。在此方面，本书的两位作者做了一些很有意义的尝试。

追本溯源，线性代数要解决的一个核心数学问题是如何高效求解多元线性方程组。这实际上是一类最简单也是最普遍的线性函数关系的具体表现。此类问题的数学抽象是线性空间和线性映射，具体解决方案包括矩阵运算（紧凑表述）、初等变换（一般计算方法）、线性相关性和行列式（判断准则）、特征值和特征向量、奇异值分解（高效计算方法）等。因此，线性代数学习的中心任务是清晰理解线性空间这一核心研究对象，熟练掌握线性映射和基本变换（如相似变换、合同变换）。本书作者不希望读者将矩阵计算等同于线性代数，因而采取了先讲线性空间和线性映射，再讲矩阵运算的处理方式，以突出线性代数学习中的核心内容，同时强调了各个知识点之间的普遍联系。这样的处理方式对初学者的抽象能力提出了更高要求，但相信，通过努力他们完全可以达到这个要求的。

线性代数在科学和工程中有着广泛应用。为顺应大数据科学对海量矩阵数值计算的需求，作者增加了关于奇异值分解和广义逆的讨论，供学有余力的读者参考。此外，对于一切现代数学知识的掌握，都必然是建立在大量的模仿和练习之上的。眼高手低、纸上谈兵是学习的大忌。本书涵盖了适量的例题、习题，可满足绝大多数读者学习、练习的需求。

最后，借用王国维先生《人间词话》中的治学三境界：“古今之成大事业、大学问者，必经过三种之境界：‘昨夜西风凋碧树。独上高楼，望尽天涯路。’此第一境也。‘衣带渐宽终不悔，为伊消得人憔悴。’此第二境也。‘众里寻他千百度，蓦然回首，那人却在，灯火阑珊处。’此第三境也。”同样，希望广大读者在学习本书的过程中能体会到治学的不易，越是充满挑战，越能激发起昂扬的斗志和坚定的决心。此心此志，如晨阳喷薄，势不可挡。

胡建勋

2024 年 10 月于康乐园

目录

1 导论

1.1 历史源头

成书于公元四五世纪的《孙子算经》中，有一道著名的“鸡兔同笼”问题：“今有雉兔同笼，上有三十五头，下有九十四足，问雉兔各几何？”这道题有多种初等求解方法，而最直接的一种解法是引入未知变量 x 和 y 分别代表笼中鸡和兔的数目，列出如下的等式关系：

$$\begin{cases} x+y=35 \\ 2x+4y=94 \end{cases}$$

通过求解该二元一次方程组（也称为二元线性方程组），即可得到问题的答案。

上述过程其实代表了相当广泛的一大类科学和工程问题的求解思路，即引入不同字母变量代表问题中未知元素的实际值，并进一步假设这些变量之间满足可线性叠加的等式型关系，从而将问题转化为和上述类似的多元线性代数方程组的求解。对于一般多元线性代数方程组的求解，我们最为关心的是：该方程组在什么条件下有解？如果有解，解是唯一的，还是可能有多个不同解？如何求出所有可能的解？线性代数方程组的近代系统研究始于莱布尼茨，之后逐渐形成了本课程所讨论的基本内容。我们将在后面给出其具体的求解方法和判断准则。

1.2 现代应用

线性代数是当代数学的重要组成部分，在科学研究和工程问题实践中都有非常广泛的应用。有研究表明，当代超过 75% 的科学研究和工程应用中的数学问题会涉及求解线性代数方程组。正如戈丁在其数学名著《数学概观》中所言：“要是没有线性代数，任何数学和初等教程都讲不下去……如果不熟悉线性代数的概念，像线性性质、向量、线性空间、矩阵等等，要去学习自然科学，现在看来就和文盲差不多，甚至可能学习社会科学也是如此。”

那么，线性代数都有哪些实际用途呢？按照本书结构，首先，矩阵是数值计算的核心对象之一，许多实际问题的数值求解，如大规模集成电路设计、飞行器航路规划等，最终都会归结为矩阵运算。其次，向量、线性空间、基等概念构成了众多现代学科的理论基础。如向量是解析几何最有力的描述工具，它同时也是力学的数学理论基础；泛函分析主要研究无穷维线性空间；傅里叶分析、小波分析等也依赖于正交基的概念。再次，矩阵的行列式、特征值和特征向量不仅可用于刻画离散或连续动力系统时空演化规律，而且也在数据科学中发挥着关键作用，如数据降维的主成分分析、数据分类中的支持向量机、图形图像处理中的卷积神经网络等。最后，二次型也被广泛应用于物理中的能量函数设计、机器学习中的损失函数构建、工程设计中的最优化目标设定等。此外，线性回归、线性插值、线性相关性分析、线性规划等方法，已经成为现代科学研究的重要组成部分，并在实际生产和生活中发挥着巨大作用。这些应用无不体现出线性代数基本思想的普遍性、深刻性和有效性。

线性代数主要知识点的关系如图 1.1 所示。

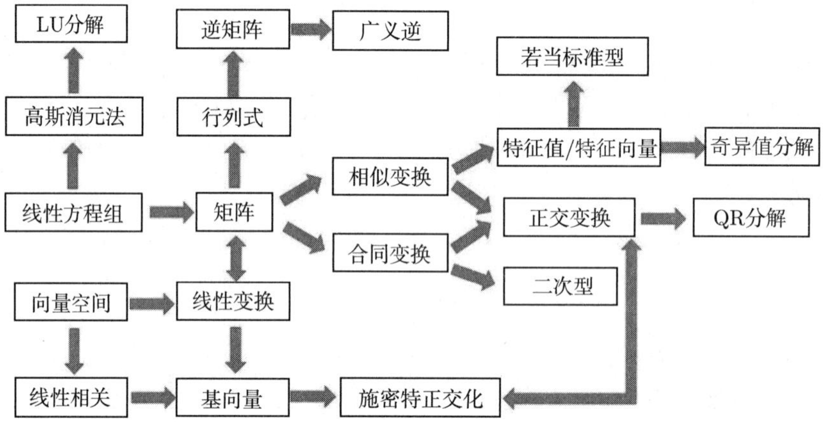

图 1.1 线性代数主要知识点关系示意

1.3 课程学习建议

抽象性是线性代数的第一个显著特征。虽然处理的是最简单的线性关系，但随着未知变量数量的增加，线性代数处理对象变得越来越复杂，变量间的内在关系变得越来越抽象。如果说线性方程组、向量、矩阵等还比较容易理解，且很容易找到现实生活中的具体对应；而线性空间的基本定义、线性映射的核与像、若当标准型、二次型等，对绝大多数初学者而言则较为晦涩。因此，学习线性代数时，读者一方面需要适应这种抽象的数学语言和思维方式，另一方面也必须牢记一切抽象概念和理论都源于具体实际。从最简单的例子入手，逐步掌握线性代数相关基本知识，对初学者来说是一条切实可行的路径。

普遍联系性是线性代数的第二个显著特征。正如前文所指，线性代数是一门研究客观事物之间普遍联系的学科。因此，要学好这门学科，读者需要养成勤于观察、善于联想的习惯，能够主动地举一反三，及时总结归纳问题之间的客观联系，并用严谨的数学语言进行描述。这实际上也是数学研究的核心思想和方法。

计算量大是线性代数的第三个显著特征。线性代数涉及大量复杂的基本运算，如通过初等变换求解线性代数方程组，矩阵行列式计算、相似变换、合同变换、特征值和特征向量计算等，都需要经过一系列繁复的运算。为避免计算错误，读者务必从学习之初就树立认真细致的态度，养成良好的演算习惯。

当然，线性代数还有许多其他特点。在进入具体课程内容学习之前，分享荀子《劝学》中的一段话与各位读者共勉。

“故不积跬步，无以至千里；不积小流，无以成江海。骐骥一跃，不能十步；驽马十驾，功在不舍。锲而舍之，朽木不折；锲而不舍，金石可镂。蚓无爪牙之利，筋骨之强，上食埃土，下饮黄泉，用心一也。蟹六跪而二螯，非蛇鳝之穴无可寄托者，用心躁也。”

本书目录中的星号 (*) 标记章节均为选学内容，欢迎学有余力的读者自主扩展学习。

2 矩阵

2.1 数的集合

我们从一些熟悉的数的集合开始说起。

- 考虑**整数**集合
$$\mathbb{Z} = \{\cdots, -2, -1, 0, 1, 2, \cdots\}$$
任意给定两个数 $a, b \in \mathbb{Z}$，都可以定义它们的加法、减法和乘法。但是，整数集对除法运算不封闭，比如分数 $1/2, 1/3, 2/3, \cdots$ 不在整数集中。
- 引入分数以后，就得到**有理数**集合
$$\mathbb{Q} := \{p/q : p, q \in \mathbb{Z}, q \neq 0\}$$
任意给定两个数 $a, b \in \mathbb{Q}$，我们都可以定义它们的加法、减法和乘法。同时，有理数集对除法运算封闭。但是，有些方程在 $\mathbb{Q}$ 上没有解。例如，方程 $x^2 = 2$。为了解决这个问题，我们需要引入无理数的概念。
- 有理数是有限小数或无限循环小数，而无理数是无限不循环小数。**实数**集合 $\mathbb{R}$ 就是所有小数的集合，对加法、减法、乘法和除法 (除数非零) 都封闭。众所周知，任意的二次方程 $ax^2 + bx + c = 0$ 在 $\mathbb{R}$ 上有解当且仅当判别式 $b^2 - 4ac \geqslant 0$ 成立。方程 $x^2 + 1 = 0$ 没有实数解。为了使方程 $x^2 + 1 = 0$ 有解，我们就有必要引入虚数 $\mathrm{i} = \sqrt{-1}$。
- 定义**复数**集合
$$\mathbb{C} := \{a + b\mathrm{i} : a, b \in \mathbb{R}\}$$
同样地，在复数集合中，加法、减法、乘法和除法 (除数非零) 都封闭。**代数基本定理**断言，在复数范围内所有的代数方程均有解。该定理的证明较复杂，不在这里详述。

如无特殊说明，本书默认**数域** $\mathbb{F}$ 就是 $\mathbb{Q}$、$\mathbb{R}$ 或 $\mathbb{C}$ 中的一种数集。它们的共同特点是：都包含 0 和 1，都对乘法和加法封闭，并且每个非零元都有乘法逆元，即对除法封闭。这些共同特征可以用精确而通用的语言描述。数域正是数学中抽象出这些特点的重要概念（见附录 B）。本书大部分结论对任意数域都是成立的。

例子 2.1.1 乘法运算在复数集合上是封闭的。任取 $\mathbb{C}$ 中的两个元素 $x = a + b\mathrm{i}$ 和 $y = c + d\mathrm{i}$，则 $xy = (a + b\mathrm{i})(c + d\mathrm{i}) = (ac - bd) + (ad + bc)\mathrm{i}$ 仍然属于 $\mathbb{C}$。

2.2 多元线性方程组

在初中的代数学中，我们就学习过求解如下形式的多元一次方程组：

$$\begin{cases} 2x+y+3z=8 \\ x+y+z=6 \\ x+3y+2z=11 \end{cases} \tag{2.1}$$

求解该形式的方程组，最常用的方法就是消元法。线性代数发展的最初目的之一就是系统地求解如下的一般多元线性方程组：

$$\begin{cases} a_{11}x_1+a_{12}x_2+\cdots+a_{1n}x_n=b_1 \\ a_{21}x_1+a_{22}x_2+\cdots+a_{2n}x_n=b_2 \\ \qquad\qquad\cdots\cdots \\ a_{m1}x_1+a_{m2}x_2+\cdots+a_{mn}x_n=b_m \end{cases} \tag{2.2}$$

其中，x_i 为未知变量，α_{ij} 和 b_k 为在数域 $\mathbb{F}$ 上取值的系数。之后我们会系统分析和求解多元线性方程组。

2.3 矩阵定义及例子

定义 2.3.1 设 m,n 为正整数。一个系数取值在数域 $\mathbb{F}$ 上的 $m\times n$ 的**矩阵**

$$\boldsymbol{A}=\begin{pmatrix} a_{11} & a_{12} & \cdots & a_{1n} \\ a_{21} & a_{22} & \cdots & a_{2n} \\ \vdots & \vdots & & \vdots \\ a_{m1} & a_{m2} & \cdots & a_{mn} \end{pmatrix}$$

就是一组 m 行 n 列的矩形阵列，其中元素 a_{ij} 属于 $\mathbb{F}$。特别地，称 $1\times n$ 的矩阵为**行向量**，称 $m\times 1$ 的矩阵为**列向量**。我们有时也会用记号 $[a_{ij}]$ 来表示 $\boldsymbol{A}$。

例子 2.3.1 线性方程组 (2.1) 的系数可以组成 3×3 的矩阵

$$\begin{pmatrix} 2 & 1 & 3 \\ 1 & 1 & 1 \\ 1 & 3 & 2 \end{pmatrix}$$

由此可引申至更一般的情况。

例子 2.3.2 线性方程组 (2.2) 的系数 a_{ij} 可以组成 $m\times n$ 的矩阵

$$\boldsymbol{A}=[a_{ij}]=\begin{pmatrix} a_{11} & a_{12} & \cdots & a_{1n} \\ a_{21} & a_{22} & \cdots & a_{2n} \\ \vdots & \vdots & & \vdots \\ a_{m1} & a_{m2} & \cdots & a_{mn} \end{pmatrix}$$

称为线性方程组 (2.2) 的**系数矩阵**。系数 b_j 可以组成 $m\times 1$ 的列向量

$$\vec{b}=\begin{pmatrix}b_1\\b_2\\\vdots\\b_m\end{pmatrix}$$

定义 2.3.2 设 $\boldsymbol{A}=[a_{ij}]$ 是一个 $m\times n$ 的矩阵。矩阵 $\boldsymbol{A}$ 的**转置**，记为 $\boldsymbol{A}^{\mathrm{T}}$，是一个 $n\times m$ 的矩阵

$$[a_{ij}^{\mathrm{T}}]=\begin{pmatrix}a_{11}&a_{21}&\cdots&a_{m1}\\a_{12}&a_{22}&\cdots&a_{m2}\\\vdots&\vdots&&\vdots\\a_{1n}&a_{2n}&\cdots&a_{mn}\end{pmatrix}$$

其中，$a_{ij}^{\mathrm{T}}:=a_{ji}$。

注意，行向量就是列向量的转置，反之亦然。例如，$\vec{b}^{\mathrm{T}}=(b_1,b_2,\cdots,b_m)$。下面我们列举一些特殊的矩阵。

- **零矩阵:** 所有元素均为零的矩阵。
- n **阶方阵:** $n\times n$ 的矩阵。设 $\boldsymbol{A}$ 为 n 阶方阵，称集合 $\{a_{ii}:1\leqslant i\leqslant n\}$ 为矩阵 $\boldsymbol{A}$ 的主对角线。
- **单位矩阵:** 给定 n 阶方阵，且其主对角线上元素均为 1，而其余元素均为零。通常记为 $\boldsymbol{I}_n$，也可表示为 $[\delta_{ij}]_{n\times n}$，其中 $\delta_{ij}=\begin{cases}0,\ i\neq j\\1,\ i=j\end{cases}$ 为克罗内克记号，即

$$\boldsymbol{I}_n=\begin{pmatrix}1&0&0&\cdots&0\\0&1&0&\cdots&0\\0&0&1&\cdots&0\\\vdots&\vdots&\vdots&&\vdots\\0&0&0&\cdots&1\end{pmatrix}$$

- **对角矩阵:** 给定 n 阶方阵，且满足该矩阵只有主对角线上元素非零, 而其他元素均为零。记为 $\mathrm{diag}(d_1,d_2,\cdots,d_n)$，即

$$\mathrm{diag}(d_1,d_2,\cdots,d_n)=\begin{pmatrix}d_1&0&0&\cdots&0\\0&d_2&0&\cdots&0\\0&0&d_3&\cdots&0\\\vdots&\vdots&\vdots&&\vdots\\0&0&0&\cdots&d_n\end{pmatrix}$$

- **上三角矩阵:** 给定 $n\times n$ 的方阵 $\boldsymbol{A}=[a_{ij}]_{n\times n}$，且满足主对角线下方所有元素均为零，即 $a_{ij}=0,\ \forall i>j$，故上三角矩阵为

$$\begin{pmatrix} a_{11} & a_{12} & a_{13} & \cdots & a_{1n} \\ 0 & a_{22} & a_{23} & \cdots & a_{2n} \\ 0 & 0 & a_{33} & \cdots & a_{3n} \\ \vdots & \vdots & \vdots & & \vdots \\ 0 & 0 & 0 & \cdots & a_{nn} \end{pmatrix}$$

- **下三角矩阵:** 给定 $n \times n$ 的方阵 $\boldsymbol{A} = [a_{ij}]_{n \times n}$，且满足主对角线上方所有元素均为零，即 $a_{ij} = 0, \forall i < j$，故下三角矩阵为

$$\begin{pmatrix} a_{11} & 0 & 0 & \cdots & 0 \\ a_{21} & a_{22} & 0 & \cdots & 0 \\ a_{31} & a_{32} & a_{33} & \cdots & 0 \\ \vdots & \vdots & \vdots & & \vdots \\ a_{n1} & a_{n2} & a_{n3} & \cdots & a_{nn} \end{pmatrix}$$

- **对称矩阵:** 若满足 $\boldsymbol{A} = \boldsymbol{A}^{\mathrm{T}}$。
- **反对称矩阵:** 若满足 $\boldsymbol{A} = -\boldsymbol{A}^{\mathrm{T}}$。

2.4 矩阵基本运算

设 $\boldsymbol{A} = [a_{ij}]$ 和 $\boldsymbol{A}' = [a'_{ij}]$ 为同一个数域 $\mathbb{F}$ 上的两个 $m \times n$ 的矩阵。

定义 2.4.1 定义矩阵 $\boldsymbol{A}$ 和 $\boldsymbol{A}'$ 的**加法矩阵** $\boldsymbol{A} + \boldsymbol{A}'$ 为由两个矩阵处于相同位置的元素逐项相加所得矩阵。①

$$\boldsymbol{A} + \boldsymbol{A}' = [a_{ij} + a'_{ij}] = \begin{pmatrix} a_{11} + a'_{11} & a_{12} + a'_{12} & \cdots & a_{1n} + a'_{1n} \\ a_{21} + a'_{21} & a_{22} + a'_{22} & \cdots & a_{2n} + a'_{2n} \\ \vdots & \vdots & & \vdots \\ a_{m1} + a'_{m1} & a_{m2} + a'_{m2} & \cdots & a_{mn} + a'_{mn} \end{pmatrix}$$

设矩阵 $\boldsymbol{B} = [\beta_{kj}]$ 为数域 $\mathbb{F}$ 上的 $l \times m$ 的矩阵。

定义 2.4.2 定义 $\boldsymbol{B}$ 与 $\boldsymbol{A}$ 的**乘法矩阵** $\boldsymbol{B} \cdot \boldsymbol{A}$, 或简记为 $\boldsymbol{BA}$，为如下的数域 $\mathbb{F}$ 上的 $l \times n$ 的矩阵：②

$$\boldsymbol{B} \cdot \boldsymbol{A} = [\gamma_{kj}] = \begin{pmatrix} \gamma_{11} & \gamma_{12} & \cdots & \gamma_{1n} \\ \gamma_{21} & \gamma_{22} & \cdots & \gamma_{2n} \\ \vdots & \vdots & & \vdots \\ \gamma_{l1} & \gamma_{l2} & \cdots & \gamma_{ln} \end{pmatrix}$$

其中，$\gamma_{kj} := \sum_{i=1}^{m} \beta_{ki} a_{ij}$。

---

① 此处, 矩阵 $\boldsymbol{A}$ 和 $\boldsymbol{A}'$ 的行数和列数必须相同。

② 此处，矩阵 $\boldsymbol{B}$ 的列数必须与 $\boldsymbol{A}$ 的行数一致。不能随意改变 $\boldsymbol{B}$ 与 $\boldsymbol{A}$ 的乘法顺序。

注记 2.4.1 设 c 为数域 $\mathbb{F}$ 上的常数，则称 $c \cdot \boldsymbol{A}$ 为**数乘矩阵**，简记为 $c\boldsymbol{A}$。具体而言，数乘矩阵可以写为

$$c \cdot \boldsymbol{A} = [c \cdot a_{ij}] = \begin{pmatrix} c \cdot a_{11} & c \cdot a_{12} & \cdots & c \cdot a_{1n} \\ c \cdot a_{21} & c \cdot a_{22} & \cdots & c \cdot a_{2n} \\ \vdots & \vdots & & \vdots \\ c \cdot a_{m1} & c \cdot a_{m2} & \cdots & c \cdot a_{mn} \end{pmatrix}$$

有了矩阵乘法的概念，我们可以把多元线性方程组 (2.2) 简写成

$$\boldsymbol{A} \cdot \vec{x} = \vec{b}$$

其中，$\vec{x} = (x_1, x_2, \cdots, x_n)^{\mathrm{T}}$ 是由未知变量构成的列向量。

例子 2.4.1 计算

$$\begin{pmatrix} 1 & 2 & 3 \\ 4 & 5 & 6 \end{pmatrix} \cdot \begin{pmatrix} 1 & 2 \\ 3 & 4 \\ 5 & 6 \end{pmatrix}$$

这里，一个 2×3 的矩阵和一个 3×2 的矩阵相乘，得到的是一个 2×2 的方阵。根据定义计算，得

$$\begin{pmatrix} 1 & 2 & 3 \\ 4 & 5 & 6 \end{pmatrix} \cdot \begin{pmatrix} 1 & 2 \\ 3 & 4 \\ 5 & 6 \end{pmatrix} = \begin{pmatrix} 1 \times 1 + 2 \times 3 + 3 \times 5 & 1 \times 2 + 2 \times 4 + 3 \times 6 \\ 4 \times 1 + 5 \times 3 + 6 \times 5 & 4 \times 2 + 5 \times 4 + 6 \times 6 \end{pmatrix}$$

$$= \begin{pmatrix} 22 & 28 \\ 49 & 64 \end{pmatrix}$$

例子 2.4.2 考虑二维平面上直角坐标系 Oxy。给定任意非零向量 $\vec{r} = (x, y)$，易知 $x = r\cos\alpha, y = r\sin\alpha$，其中 $r = \sqrt{x^2 + y^2}$ 表示向量 $\vec{r}$ 的长度，α 为向量 $\vec{r}$ 与 x 轴正方向的夹角。如果将该向量围绕原点逆时针旋转 θ 角度，则根据解析几何可知，旋转后新的向量为 $(r\cos(\alpha+\theta), r\sin(\alpha+\theta))$。基于矩阵乘法运算和三角函数和角公式，不难验证

$$\begin{pmatrix} r\cos(\alpha+\theta) \\ r\sin(\alpha+\theta) \end{pmatrix} = \boldsymbol{R}(\theta) \begin{pmatrix} r\cos\alpha \\ r\sin\alpha \end{pmatrix}$$

其中，

$$\boldsymbol{R}(\theta) := \begin{pmatrix} \cos\theta & -\sin\theta \\ \sin\theta & \cos\theta \end{pmatrix}$$

为**二维旋转矩阵**。进一步验证可得

$$(r\cos\alpha, r\sin\alpha)\, \boldsymbol{R}(\theta) = (r\cos(\alpha-\theta), r\sin(\alpha-\theta))$$

2.5 练习

练习 2.5.1 证明除法在实数集合和复数集合上封闭。

练习 2.5.2 证明开方运算在复数集合上封闭。

练习 2.5.3 设 $a+b\mathrm{i}$ 是 $\mathbb{C}$ 中的数 $(a,b\in\mathbb{R})$。试求满足 $1/(a+b\mathrm{i})=c+d\mathrm{i}$ 的实数 c,d。

练习 2.5.4 试证 $(\sqrt{3}\mathrm{i}-1)/2$ 的三次方是 1。

练习 2.5.5 计算如下矩阵的乘积：

(1) $\begin{pmatrix}0&1&0&0\\1&0&0&0\\0&0&1&1\end{pmatrix}\begin{pmatrix}1&1&2\\2&3&3\\4&4&5\\5&6&6\end{pmatrix}$；

(2) $\begin{pmatrix}0&0&1\\0&1&0\\1&0&0\end{pmatrix}\begin{pmatrix}1&2&3\\4&5&6\\7&8&9\end{pmatrix}\begin{pmatrix}0&0&1\\0&1&0\\1&0&0\end{pmatrix}$。

练习 2.5.6 验证 $\boldsymbol{R}(\theta)\boldsymbol{R}(\phi)=\boldsymbol{R}(\theta+\phi)$，其中 $\boldsymbol{R}(\theta)$ 为二维旋转矩阵，θ 和 ϕ 均为实数。

练习 2.5.7 试证明

$$\boldsymbol{R}_x(\theta)=\begin{pmatrix}1&0&0\\0&\cos\theta&-\sin\theta\\0&\sin\theta&\cos\theta\end{pmatrix}$$

$$\boldsymbol{R}_y(\theta)=\begin{pmatrix}\cos\theta&0&-\sin\theta\\0&1&0\\\sin\theta&0&\cos\theta\end{pmatrix}$$

$$\boldsymbol{R}_z(\theta)=\begin{pmatrix}\cos\theta&-\sin\theta&0\\\sin\theta&\cos\theta&0\\0&0&1\end{pmatrix}$$

分别是三维直角坐标系中围绕 x 轴、y 轴和 z 轴的旋转矩阵。

练习 2.5.8 证明反对称矩阵的主对角元素一定都为零。

练习 2.5.9 证明 $(\boldsymbol{AB})^{\mathrm{T}}=\boldsymbol{B}^{\mathrm{T}}\boldsymbol{A}^{\mathrm{T}}$。

练习 2.5.10 证明 $\boldsymbol{A}\boldsymbol{A}^{\mathrm{T}}$ 和 $\boldsymbol{A}^{\mathrm{T}}\boldsymbol{A}$ 均为对称矩阵。

练习 2.5.11 设 $\boldsymbol{A}=\begin{pmatrix}1&0\\1&1\end{pmatrix}$，求所有满足 $\boldsymbol{BA}=\boldsymbol{AB}$ 的矩阵 $\boldsymbol{B}$。

练习 2.5.12 设 $\boldsymbol{A}=\begin{pmatrix}a&2\\1&b\end{pmatrix}$ 是 2×2 的实矩阵，且满足 $\boldsymbol{A}^2=\boldsymbol{A}$。讨论 a,b 的取值范围。

练习 2.5.13 是否存在矩阵 $\boldsymbol{A}$，满足 $\boldsymbol{A}^2=\begin{pmatrix}0&1\\0&0\end{pmatrix}$? 如果有，请给出答案；如果没有，请说明理由。

练习 2.5.14 是否存在矩阵 $\boldsymbol{A}$ 满足 $\boldsymbol{A}^2=\begin{pmatrix}0&0&0\\0&0&0\\0&1&0\end{pmatrix}$? 如果有，请给出答案；如果没有，请说明理由。

练习 2.5.15 设 $\boldsymbol{A}=\begin{pmatrix}a&1\\0&a\end{pmatrix}$，试求 $\boldsymbol{A}^n$，其中 n 为正整数。

练习 2.5.16 设 $\boldsymbol{A}=\begin{pmatrix}a&1&0\\0&a&1\\0&0&a\end{pmatrix}$，试求 $\boldsymbol{A}^n$，其中 n 为正整数。

练习 2.5.17 证明上 (下) 三角矩阵的求和及乘积仍为上 (下) 三角矩阵。

练习 2.5.18 证明任意方阵一定可以分解成一个对称矩阵和一个反对称矩阵之和。

练习 2.5.19 证明两个 n 阶对称方阵的乘积仍为对称矩阵，当且仅当这两个矩阵的乘法可以交换。

练习 2.5.20 定义 $n\times n$ 的矩阵 $\boldsymbol{A}$ 的**求迹运算** $\mathrm{tr}(\boldsymbol{A})$ 为 $\mathrm{tr}(\boldsymbol{A})=\sum\limits_{i=1}^{n}\alpha_{ii}$, 其中 α_{ii} 为矩阵 $\boldsymbol{A}$ 的主对角线上的元素。证明 $\mathrm{tr}(\boldsymbol{A}+\boldsymbol{B})=\mathrm{tr}(\boldsymbol{A})+\mathrm{tr}(\boldsymbol{B}),\mathrm{tr}(k\cdot\boldsymbol{A})=k\cdot\mathrm{tr}(\boldsymbol{A})$。

练习 2.5.21 设 $\boldsymbol{A},\boldsymbol{B}$ 为 n 阶方阵。证明 $\mathrm{tr}(\boldsymbol{AB})=\mathrm{tr}(\boldsymbol{BA})$。

练习 2.5.22 给定 $n\times 1$ 的列向量 $\vec{x}$，满足 $\vec{x}^{\mathrm{T}}\vec{x}=1$。证明 $\boldsymbol{H}=\boldsymbol{I}_n-2\vec{x}\vec{x}^{\mathrm{T}}$ 为对称矩阵，且满足 $\boldsymbol{H}\boldsymbol{H}^{\mathrm{T}}=\boldsymbol{I}_n$。

3 线性空间

3.1 定义与例子

下面我们引入线性代数中的一个最基本的概念。

定义 3.1.1 设 V 是一个非空集合，$\mathbb{F}$ 是数域。设

$$+: V\times V\to V$$

$$\cdot: \mathbb{F}\times V\to V$$

是集合上的两个映射，称为 V 上的**加法**和**数乘**运算。我们称 $(V,+,\cdot)$ 为（$\mathbb{F}$ 上的）**线性空间**，如果以下性质成立：

(1) 加法交换律。任给 $\vec{x},\vec{y}\in V$，都有 $\vec{x}+\vec{y}=\vec{y}+\vec{x}$。

(2) 加法结合律。任给 $\vec{x},\vec{y},\vec{z}\in V$，都有 $\vec{x}+(\vec{y}+\vec{z})=(\vec{x}+\vec{y})+\vec{z}$。

(3) 加法零元存在性。存在元素 $\vec{0}\in V$，使得对于任意 $\vec{x}\in V$ 都有 $\vec{x}+\vec{0}=\vec{x}$。

(4) 加法逆元存在性。任给 $\vec{x}\in V$ 都存在元素 $-\vec{x}\in V$，使得 $\vec{x}+(-\vec{x})=\vec{0}$。

(5) 数乘单位元存在性。存在元素 $1\in\mathbb{F}$，使得对于任意 $\vec{x}\in V$ 都有 $1\cdot\vec{x}=\vec{x}$。

(6) 数乘结合律。任给 $\alpha,\beta\in\mathbb{F}$，$\vec{x}\in V$，都有 $(\alpha\cdot\beta)\cdot\vec{x}=\alpha\cdot(\beta\cdot\vec{x})$。

(7) 加法对数乘分配律。任给 $\alpha\in\mathbb{F}$，$\vec{x},\vec{y}\in V$，都有 $\alpha\cdot(\vec{x}+\vec{y})=\alpha\cdot\vec{x}+\alpha\cdot\vec{y}$。

(8) 数乘对加法分配律。任给 $\alpha,\beta\in\mathbb{F}$，$\vec{x}\in V$，都有 $(\alpha+\beta)\cdot\vec{x}=\alpha\cdot\vec{x}+\beta\cdot\vec{x}$。

如果没有歧义，我们一般采用 V 简记 $(V,+,\cdot)$，并称 V 中的元素为**向量**。

注意，根据映射的定义，集合 V 中元素在加法和数乘运算下封闭，即加法和乘法作用后所得结果仍然在集合 V 中。简要地说，一个线性空间包含“一个集合、两种运算、八条性质”。线性空间也称为**向量空间**，是线性代数的主要研究对象。

例子 3.1.1 只有一个零元素的集合是 $\mathbb{F}$ 上的线性空间，称为**零空间**。

例子 3.1.2 基于数域上通常的加法和乘法运算，我们可以引入线性空间 $(\mathbb{F},+,\cdot)$，其中 $+:\mathbb{F}\times\mathbb{F}\to\mathbb{F}$ 和 $\cdot:\mathbb{F}\times\mathbb{F}\to\mathbb{F}$ 在 $\mathbb{F}$ 中封闭。

下面是一个更一般的例子。

例子 3.1.3 全体元素取值在数域 $\mathbb{F}$ 上的 $m\times n$ 矩阵构成了一个线性空间，记作 $M_{m\times n}(\mathbb{F})=(M_{m\times n}(\mathbb{F}),+,\cdot)$，其中“+”和“·”分别代表矩阵的加法和数乘运算。特别地，若有 $m=n$，则简记 $M_n(\mathbb{F})$。若 $n=1$，则记 $\mathbb{F}^m=M_{m\times 1}(\mathbb{F})$。

3.2 子空间

线性空间的子集何时构成线性空间？这就需要引入子空间的概念。

定义 3.2.1 设 $(V,+,\cdot)$ 是线性空间，W 是 V 的非空子集。称 W 为 $(V,+,\cdot)$ 的**子空间**，如果 W 对于 V 上的加法“+”和数乘“·”运算封闭。

注记 3.2.1 W 对于加法“+”和数乘“·”运算封闭，数学上具体是指 $\forall \vec{x},\vec{y}\in W$，$\vec{x}+\vec{y}\in W$，及 $\forall\alpha\in\mathbb{F}$，$\forall\vec{x}\in W$，$\alpha\cdot\vec{x}\in W$。

根据子空间的定义，零空间 $\{\vec{0}\}$ 和 V 必是线性空间 $(V,+,\cdot)$ 的子空间，称为**平凡子空间**。称 $(V,+,\cdot)$ 的其他子空间（若有）为**真子空间**。关于子空间，我们有如下重要结论。

命题 3.2.1 设 $(V,+,.)$ 是线性空间，设 W 是 $(V,+,.)$ 的子空间，则 $(W,+,\cdot)$ 构成线性空间。

证明 需验证子空间满足线性空间的基本定义。根据子空间的定义，子空间中元素对加法和数乘运算的封闭性显然满足。因此，我们只需要证明八条基本运算性质对子空间也成立。不难看出，性质 (1),(2),(5),(6),(7),(8) 成立。对于性质 (3) 加法零元的存在性，任取子空间中向量 $\vec{x}$ 和数域 $\mathbb{F}$ 中元素 0 做数乘运算，可得 $0\cdot\vec{x}=\vec{0}$。进一步考虑到数乘的封闭性，可知零元 $\vec{0}$ 属于子空间。同样，由于 $(-1)\cdot\vec{x}=-\vec{x}$，可知加法逆元也属于子空间。 □

利用线性空间的加法和集合交运算，我们可以通过已知子空间构造新的子空间。设 U 和 W 是线性空间 $(V,+,\cdot)$ 的两个不同子空间。我们定义**子空间的和**为集合 $U+W:=\{\vec{x}+\vec{y}\mid\vec{x}\in U,\vec{y}\in W\}$。

命题 3.2.2 集合 $U+W$ 和 $U\cap W$ 是 $(V,+,\cdot)$ 的子空间。

证明 只需证明加法和数乘运算对子空间的封闭性。

(1) $\forall\vec{x}_1+\vec{y}_1,\vec{x}_2+\vec{y}_2\in U+W$，其中 $\vec{x}_1,\vec{x}_2\in U$，$\vec{y}_1,\vec{y}_2\in W$，根据线性空间加法的交换律和结合律，$(\vec{x}_1+\vec{y}_1)+(\vec{x}_2+\vec{y}_2)=(\vec{x}_1+\vec{x}_2)+(\vec{y}_1+\vec{y}_2)$。进一步考虑到子空间的封闭性，$\vec{x}_1+\vec{x}_2\in U$，$\vec{y}_1+\vec{y}_2\in W$，所以 $(\vec{x}_1+\vec{x}_2)+(\vec{y}_1+\vec{y}_2)\in U+W$，即加法运算在 $U+W$ 上满足封闭性。同理，$\forall\vec{x}_1+\vec{y}_1\in U+W$，$\forall\alpha\in\mathbb{F}$，有 $\alpha\cdot(\vec{x}_1+\vec{y}_1)=(\alpha\cdot\vec{x}_1)+(\alpha\cdot\vec{y}_1)\in U+W$，这说明 $U+W$ 上的数乘也是封闭的。

(2) 类似地，$\forall\vec{x},\vec{y}\in U\cap W$，$\vec{x}+\vec{y}\in U$，$\vec{x}+\vec{y}\in W\Rightarrow\vec{x}+\vec{y}\in U\cap W$。同理，$\forall\alpha\in\mathbb{F}$，$\alpha\cdot\vec{x}\in U$，$\alpha\cdot\vec{x}\in W\Rightarrow\alpha\cdot\vec{x}\in U\cap W$。这样我们就证明了 $U\cap W$ 对加法和数乘满足封闭性。 □

定义 3.2.2 设 U_1,U_2 是线性空间 V 的子空间，设 $W=U_1+U_2$。若任给 $\vec{y}\in W$ 都有唯一的分解

$$\vec{y}=\vec{x}_1+\vec{x}_2,\vec{x}_1\in U_1,\vec{x}_2\in U_2$$

则称 W 是 U_1 和 U_2 的**直和**，记作 $W=U_1\oplus U_2$。

定理 3.2.1 设 U_1,U_2 是线性空间 V 的子空间，则 U_1+U_2 是 U_1 和 U_2 的直和当且仅当 $U_1\cap U_2=\{\vec{0}\}$。

证明 充分性。取 $\vec{y}\in U_1\cap U_2$，则必有 $\vec{0}=\vec{y}+(-\vec{y})=\vec{0}+\vec{0}$。由直和分解的唯一性知 $\vec{y}=\vec{0}$。

必要性。取 $\vec{y} \in U_1 + U_2$。若 $\vec{y} = \vec{x}_1 + \vec{x}_2 = \vec{z}_1 + \vec{z}_2$，其中 $\vec{x}_1, \vec{z}_1 \in U_1$，$\vec{x}_2, \vec{z}_2 \in U_2$，则可通过移项得 $\vec{x}_1 - \vec{z}_1 = -(\vec{x}_2 - \vec{z}_2) \in U_1 \cap U_2$。因为 $U_1 \cap U_2 = \{\vec{0}\}$, 所以 $\vec{x}_1 = \vec{z}_1$，$\vec{x}_2 = \vec{z}_2$。故分解唯一。 □

例子 3.2.1 给定数域 $\mathbb{F}$ 上的 $m \times n$ 矩阵 $\boldsymbol{A}$，定义满足 $\vec{u}\boldsymbol{A} = \vec{0}$ 的向量 $\vec{u}$ 为矩阵 $\boldsymbol{A}$ 的左零向量。不难验证矩阵 $\boldsymbol{A}$ 的所有左零向量在矩阵加法和数乘下构成一个线性空间，称为它的左零空间。与此相类似，定义满足 $\boldsymbol{A}\vec{v} = \vec{0}$ 的向量 $\vec{v}$ 为矩阵 $\boldsymbol{A}$ 的右零向量，则所有右零向量构成了矩阵 $\boldsymbol{A}$ 的右零空间。显然，矩阵 $\boldsymbol{A}$ 的左零空间和右零空间分别为线性空间 $M_{1\times m}(\mathbb{F})$ 和 $M_{n\times 1}(\mathbb{F})$ 的子空间。

3.3 线性相关与空间张成

有没有比较直观的方法可以把给定线性空间中任意元素都通过特定元素表示出来呢？一个线性空间对加法和数乘封闭，如果向量 $\vec{x}_1, \cdots, \vec{x}_n \in V$，那么它们在加法和数乘运算下的组合也属于这个线性空间，即

$$\forall \alpha_1, \cdots, \alpha_n \in \mathbb{F}，\alpha_1 \cdot \vec{x}_1 + \cdots + \alpha_n \cdot \vec{x}_n \in V$$

我们称这样的组合为向量的**线性组合**。若 $\vec{y} = \alpha_1\vec{x}_1 + \cdots + \alpha_n\vec{x}_n \in V$，则称向量 $\vec{y}$ 可以由向量 $\vec{x}_1, \cdots, \vec{x}_n$ **线性表出**。

定义 3.3.1 设 $\vec{x}_1, \cdots, \vec{x}_n$ 为 $(V, +, \cdot)$ 中的向量，则由 $\vec{x}_1, \cdots, \vec{x}_n$ 所有线性组合所构成的集合称为向量组 $\vec{x}_1, \cdots, \vec{x}_n$ 的**扩张**，记为 $\mathrm{Span}\{\vec{x}_1, \cdots, \vec{x}_n\}$。若 $\mathrm{Span}\{\vec{x}_1, \cdots, \vec{x}_n\} = \mathrm{Span}\{\vec{y}_1, \cdots, \vec{y}_m\}$，则称向量组 $\vec{x}_1, \cdots, \vec{x}_n$ 和 $\vec{y}_1, \cdots, \vec{y}_m$ **等价**。

命题 3.3.1 若 $\vec{x}_1, \cdots, \vec{x}_n$ 为 $(V, +, \cdot)$ 中的向量，则 $\mathrm{Span}\{\vec{x}_1, \cdots, \vec{x}_n\}$ 构成 $(V, +, \cdot)$ 的一个子空间。

证明 仅需证明加法和数乘的封闭性，以及零元和逆元的存在性。读者可自行补充完整。 □

如果 $\mathrm{Span}\{\vec{x}_1, \vec{x}_2, \cdots, \vec{x}_n\} = V$，则称**向量组** $\vec{x}_1, \vec{x}_2, \cdots, \vec{x}_n$ **张成** V，或 $\{\vec{x}_1, \vec{x}_2, \cdots, \vec{x}_n\}$ 是线性空间 $(V, +, \cdot)$ 的张集。那么什么样的向量组可以张成 V？或者说怎样选取最少的向量使之成为 $(V, +, \cdot)$ 的张集？这一问题的回答涉及本课程的一个核心概念——线性相关。

首先考虑一个最简单情形。对于含有两个向量 $\{\vec{x}_1, \vec{x}_2\}$ 的向量组，往里面添加一个新的向量 $\vec{x}_3$。如果 $\vec{x}_3$ 可以写成 $\vec{x}_1, \vec{x}_2$ 的线性组合，即 $\exists \alpha_1, \alpha_2 \in \mathbb{F}$，使得 $\vec{x}_3 = \alpha_1\vec{x}_1 + \alpha_2\vec{x}_2$，那么根据定义显然有 $\vec{x}_3 \in \mathrm{Span}\{\vec{x}_1, \vec{x}_2\}$。这也说明 $\mathrm{Span}\{\vec{x}_1, \vec{x}_2, \vec{x}_3\} = \mathrm{Span}\{\vec{x}_1, \vec{x}_2\}$。因此，为了实现向量组的不断扩张直到张成整个线性空间 $(V, +, \cdot)$ 的目的，我们需要选取添加那些不能够通过已有向量的线性组合表出的向量。这个限制实际上就是向量组的线性无关性要求。

定义 3.3.2 设 $\vec{x}_1, \vec{x}_2, \cdots, \vec{x}_n$ 为 $(V, +, \cdot)$ 中的向量。若存在不全为零的系数 $\alpha_1, \alpha_2, \cdots, \alpha_n \in \mathbb{F}$ 使得 $\alpha_1\vec{x}_1 + \alpha_2\vec{x}_2 + \cdots + \alpha_n\vec{x}_n = \vec{0}$，称这 n 个向量**线性相关**；反

之，若对于任意满足 $\alpha_1\vec{x}_1+\alpha_2\vec{x}_2+\cdots+\alpha_n\vec{x}_n=\vec{0}$ 的系数 $\alpha_1,\alpha_2,\cdots,\alpha_n\in\mathbb{F}$，总有 $\alpha_1=\alpha_2=\cdots=\alpha_n=0$，则称这 n 个向量**线性无关**。

不难看出，向量组的线性无关等价于该向量组中任意向量都不能被其他向量的线性组合表出。换言之，如果一个向量组线性相关，那么其中至少有一个向量可以由其他向量线性表出。

这样，我们实际上找到了如何通过选取最少的向量使之张成一个指定的线性空间的方法。我们先从一个向量出发（不妨记作 $\vec{x}_1$），如果它的张集已经是目标集合 $\text{Span}\{\vec{x}_1\}=V$，我们就已经找到了最小的可以张成 $(V,+,\cdot)$ 的向量组；否则，$\text{Span}\{\vec{x}_1\}$ 是 V 的真子集，因此我们必然可以在 V 中选取到一个不同于 $\vec{x}_1$ 的向量 $\vec{x}_2$，且满足 $\vec{x}_1,\vec{x}_2$ 线性无关（否则与 $\text{Span}\{\vec{x}_1\}$ 是 V 的真子集相矛盾）。这样我们就得到一个更大的集合 $\text{Span}\{\vec{x}_1,\vec{x}_2\}\supset\text{Span}\{\vec{x}_1\}$。重复以上过程，直到向量组张成 V。该过程是否可以在有限步内停止实际上取决于线性空间 $(V,+,\cdot)$ 是否是有限维的，相关概念将在后面给出。

注记 3.3.1 我们也可以通过不断去掉线性相关向量的方法得到目标空间的最小张成向量组。设 $\{\vec{x}_1,\vec{x}_2,\cdots,\vec{x}_n\}$ 为 $(V,+,\cdot)$ 的张集。若其中一个向量（不妨设为 $\vec{x}_n$）可以写成其他 $n-1$ 个向量的线性组合，则 $\{\vec{x}_1,\vec{x}_2,\cdots,\vec{x}_{n-1}\}$ 也是 $(V,+,\cdot)$ 的张集。

此外，根据线性相关的定义，我们可以推出如下重要结论。

定理 3.3.1 设 $\vec{x}_1,\vec{x}_2,\cdots,\vec{x}_n$ 为 $(V,+,\cdot)$ 中向量，则 $\text{Span}\{\vec{x}_1,\vec{x}_2,\cdots,\vec{x}_n\}$ 中任意向量 $\vec{y}$ 可以由 $\vec{x}_1,\vec{x}_2,\cdots,\vec{x}_n$ 以唯一方式线性表出，当且仅当 $\vec{x}_1,\vec{x}_2,\cdots,\vec{x}_n$ 线性无关。

证明 必要性。假设

$$\vec{y}=\alpha_1\vec{x}_1+\cdots+\alpha_n\vec{x}_n=\beta_1\vec{x}_1+\cdots+\beta_n\vec{x}_n$$

其中，$\alpha_1,\cdots,\alpha_n,\beta_1,\cdots,\beta_n\in\mathbb{F}$。移项后有 $(\alpha_1-\beta_1)\vec{x}_1+\cdots+(\alpha_n-\beta_n)\vec{x}_n=\vec{0}$。因为 $\vec{x}_1,\cdots,\vec{x}_n$ 线性无关，所以必有 $\alpha_1-\beta_1=\cdots=\alpha_2-\beta_2=0$。这说明线性表出的唯一性。

充分性。可以取 $\vec{y}=\vec{0}$，则由唯一性知，若 $\alpha_1\vec{x}_1+\alpha_2\vec{x}_2+\cdots+\alpha_n\vec{x}_n=\vec{0}$，则必有 $\alpha_1=\alpha_2=\cdots=\alpha_n=0$。 □

例子 3.3.1 在 $\mathbb{R}^n$ 中，可以验证

$$\vec{e}_1=(1,0,\cdots,0),\vec{e}_2=(0,1,\cdots,0),\cdots,\vec{e}_n=(0,\cdots,0,1)$$

线性无关，且该线性空间中任一向量都可以表示成 $\vec{e}_1,\vec{e}_2,\cdots,\vec{e}_n$ 的唯一线性组合形式。在线性空间 $\mathbb{R}^n$ 中还有其他形式的线性无关向量组，如

$$\vec{\xi}_1=(1,1,0,0,\cdots,0)$$

$$\vec{\xi}_2=(0,1,1,0,\cdots,0)$$

$$\cdots\cdots$$

$$\vec{\xi}_{n-1} = (0,0,\cdots,0,1,1)$$

$$\vec{\xi}_n = (1,0,0,\cdots,0,1)$$

可以证明，$\text{Span}\{\vec{e}_1,\cdots,\vec{e}_n\} = \text{Span}\{\vec{\xi}_1,\cdots,\vec{\xi}_n\}$。

3.4 极大线性无关组

定义 3.4.1 给定线性空间 V 中向量组 $\boldsymbol{X} = \{\vec{x}_1,\cdots,\vec{x}_n\}$ 的一个子集 $\boldsymbol{Y} = \{\vec{x}_{i_1},\cdots,\vec{x}_{i_k}\}$。若 $\boldsymbol{Y}$ 中的向量线性无关，且 $\text{Span}\boldsymbol{X} = \text{Span}\boldsymbol{Y}$，则称 $\boldsymbol{Y}$ 为 $\boldsymbol{X}$ 的**极大线性无关组**。

根据定义，不难看出 $\text{Span}\boldsymbol{X} = \text{Span}\boldsymbol{Y}$ 当且仅当向量组 $\boldsymbol{X}$ 中其他任意向量都可以通过子集 $\boldsymbol{Y}$ 中的向量线性表出。接下来我们回答，是否任意向量组都有极大线性无关组。给定 V 中的向量组 $\boldsymbol{X} = \{\vec{x}_1,\cdots,\vec{x}_n\}$。若 $\vec{x}_1$ 为零向量，则将其从 $\boldsymbol{X}$ 中删除，否则将其保留。对任意的 $k \geqslant 2$，若 $\vec{x}_k$ 是零向量或是 $\vec{x}_1,\cdots,\vec{x}_{k-1}$ 的线性组合，则将其从 $\boldsymbol{X}$ 中删除，否则将其保留。我们将保留的向量组成一个新的向量组，称其为 $\boldsymbol{X}$ 的**典范组**。

定理 3.4.1 任意向量组 $\boldsymbol{X}$ 的典范组都是 $\boldsymbol{X}$ 的一个极大线性无关组。

证明 设 $\boldsymbol{X}$ 的典范组为 $\boldsymbol{Y}$。在从 $\boldsymbol{X}$ 得到典范组 $\boldsymbol{Y}$ 的过程中，从向量组 $\boldsymbol{X}$ 中删去的向量是其他向量的线性组合，故 $\text{Span}\boldsymbol{X} = \text{Span}\boldsymbol{Y}$。下面我们用反证法证明向量组 $\boldsymbol{Y}$ 线性无关。假设 $\boldsymbol{Y} = \{\vec{x}_{i_1},\cdots,\vec{x}_{i_k}\}$ 线性相关，则存在不全为零的系数 $\alpha_1,\cdots,\alpha_k$，使得 $\alpha_1\vec{x}_{i_1} + \cdots + \alpha_k\vec{x}_{i_k} = 0$。设 r 是满足 $\alpha_r \neq 0$ 最大的数，则可得 $\alpha_1\vec{x}_{i_1} + \cdots + \alpha_r\vec{x}_{i_r} = \vec{0}$ 且 $\alpha_r \neq 0$。若 $r = 1$，则 $\vec{x}_{i_1}$ 是零向量。若 $r \geqslant 2$，则 $\vec{x}_{i_r}$ 是 $\vec{x}_{i_1},\cdots,\vec{x}_{i_{r-1}}$ 的线性组合。这与典范组的得到过程矛盾。 □

关于一个向量组的极大线性无关组有如下重要结论。

定理 3.4.2 设 $\vec{x}_1,\cdots,\vec{x}_n$ 为线性空间 V 中的一个向量组。若 $\vec{y}_1,\cdots,\vec{y}_s$ 是子空间 $\text{Span}\{\vec{x}_1,\cdots,\vec{x}_n\}$ 中的一个线性无关向量组，则 $s \leqslant n$。

证明 考虑向量组 $\vec{y}_1,\vec{x}_1,\cdots,\vec{x}_n$ 的典范组 $\boldsymbol{Y}_1 := \{\vec{y}_1,\vec{x}_1^{(1)},\cdots,\vec{x}_{u_1}^{(1)}\}$。注意 $u_1 \leqslant n-1$，这是由定理 3.4.1 和 y_1 可由 $\vec{x}_1,\cdots,\vec{x}_n$ 线性表出所得出。接着将 $\vec{y}_2$ 放到 $\boldsymbol{Y}_1$ 的最前面，得到向量组 $\vec{y}_2,\vec{y}_1,\vec{x}_1^{(1)},\cdots,\vec{x}_{u_1}^{(1)}$，其典范组必定保留向量 $\vec{y}_2,\vec{y}_1$，这是因为 $\vec{y}_1,\vec{y}_2$ 线性无关。将该典范组写成 $\boldsymbol{Y}_2 := \{\vec{y}_2,\vec{y}_1,\vec{x}_1^{(2)},\cdots,\vec{x}_{u_2}^{(2)}\}$。再由定理 3.4.1，可以得出 $u_2 \leqslant u_1 - 1 \leqslant n-2$。如此做下去，直到得到 $\boldsymbol{X}$ 的极大线性无关组 $\boldsymbol{Y}_s := \{\vec{y}_s,\cdots,\vec{y}_1,\vec{x}_1^{(s)},\cdots,\vec{x}_{u_s}^{(s)}\}$，且 $0 \leqslant u_s \leqslant n-s$，故 $s \leqslant n$。 □

推论 3.4.1 同一向量组的所有极大线性无关组包含的向量个数都相同。

证明 对一个向量组的任意两个极大线性无关组交替应用定理 3.4.2，即得这两个极大线性无关组中向量个数必然相等。 □

由该推论，我们可以定义如下的概念。

定义 3.4.2 向量组 $\vec{x}_1,\cdots,\vec{x}_n$ 的极大线性无关组中包含向量个数称为该**向量组的秩**，记作 $\text{rank}\{\vec{x}_1,\cdots,\vec{x}_n\}$。

例子 3.4.1 在 $\mathbb{R}^4$ 中，考虑向量组

$$\vec{x}_1=(1,1,1,1),\ \vec{x}_2=(2,2,2,2),\ \vec{x}_3=(1,1,1,2)$$
$$\vec{x}_4=(0,0,0,1),\ \vec{x}_5=(1,1,0,0),\ \vec{x}_6=(1,1,0,1)$$

其典范组为 $\vec{x}_1,\vec{x}_3,\vec{x}_5$。这是因为 $\vec{x}_2=2\vec{x}_1$，故删去 $\vec{x}_2$。不难验证 $\vec{x}_1,\vec{x}_3$ 线性无关。注意 $\vec{x}_4=\vec{x}_3-\vec{x}_1$，故删去 $\vec{x}_4$。验证 $\vec{x}_1,\vec{x}_3,\vec{x}_5$ 线性无关。最后注意 $\vec{x}_6=\vec{x}_3-\vec{x}_1+\vec{x}_5$，故删去 $\vec{x}_6$。因此该向量组的秩为 3。

3.5 基与维数

在第 3.4 节中，我们通过典范组给出了构造一个向量组的极大线性无关组的办法。将其应用于线性空间，我们有如下定义。

定义 3.5.1 设 $\vec{x}_1,\cdots,\vec{x}_n$ 为线性空间 V 中向量组。若它们线性无关，且张成线性空间 V，则称 $\vec{x}_1,\cdots,\vec{x}_n$ 为线性空间 V 的一组**基**。

注记 3.5.1 为了简单起见，这里我们只讨论线性空间包含有限个基的情形。对于更复杂的包含无限多个基的线性空间，我们留到第 5.7 节中再讨论。

根据定理 3.3.1，可知线性空间中任意向量都可以通过基向量以唯一方式线性表出。很容易看到，线性空间中的基并不是唯一的，但是有如下结论。

命题 3.5.1 同一线性空间的任意两组基所包含的向量个数总是相同的。

证明 线性空间的任意一组基都是线性无关组且张成该空间。由推论 3.4.1 可以马上得出，任意两组基包含的向量数量一致。 □

若一个线性空间的基由有限多个向量组成，则称该线性空间为**有限维**，否则称其为**无限维**线性空间。本书中的线性空间默认为有限维的线性空间，除非另行强调。

定义 3.5.2 给定有限维线性空间 V，若它的一组基中包含 n 个向量，则称该**线性空间的维数**为 n，记作 $\dim(V)=n$。特别地，我们约定只由零向量构成的线性空间的维数为 0。

有了线性空间维数的概念，我们可以很容易判断一组给定向量是否张成目标空间。

定理 3.5.1 已知线性空间 $(V,+,\cdot)$ 的维数 $\dim(V)=n>0$，那么 n 个向量 $\vec{x}_1,\vec{x}_2,\cdots,\vec{x}_n$ 张成 V 当且仅当 $\vec{x}_1,\vec{x}_2,\cdots,\vec{x}_n$ 线性无关。

证明 必要性。若 $\vec{x}_1,\vec{x}_2,\cdots,\vec{x}_n$ 线性相关，则其中必有一个向量可以表示成其他 $n-1$ 个向量的线性组合，且余下的 $n-1$ 个向量仍然可以张成整个线性空间 $(V,+,\cdot)$。如果余下的 $n-1$ 个向量仍然线性相关，我们可以继续重复上面过程，直到余下 $m<n$ 个线性无关的向量，且它们为 $(V,+,\cdot)$ 的张集。这个结果与 $(V,+,\cdot)$ 的维数为 $n>m$ 相矛盾。这说明向量组 $\vec{x}_1,\vec{x}_2,\cdots,\vec{x}_n$ 必定线性无关。

充分性。给定 $(V,+,\cdot)$ 中任意向量 $\vec{y}$，则 $\vec{x}_1,\vec{x}_2,\cdots,\vec{x}_n,\vec{y}$ 线性相关，即存在一组不全为零的实数 α_i，使得 $\alpha_0\vec{y}+\sum\limits_{i=1}^{n}\alpha_i\vec{x}_i=\vec{0}$。故可知 $\alpha_0\neq 0$，否则 $\vec{x}_1,\vec{x}_2,\cdots,\vec{x}_n$ 线

性相关，矛盾。移项后，$\vec{y}=-\sum_{i=1}^{n}(\alpha_i/\alpha_0)\vec{x}_i$，这说明 $\vec{y}$ 可以由 $\vec{x}_1,\vec{x}_2,\cdots,\vec{x}_n$ 的线性组合给出，即 $\vec{x}_1,\vec{x}_2,\cdots,\vec{x}_n$ 为 $(V,+,\cdot)$ 的一组基。 □

本节结束前，我们来回答一个容易被忽略的问题：一个线性空间是否总是有一组基？

定理 3.5.2 设 V 是 $n\geqslant 1$ 维的线性空间，则 V 中必有一组基。

证明 因为 $\dim V\geqslant 1$，所以存在向量 $\vec{x}_1\in V$，$\vec{x}_1\neq\vec{0}$。若 $\mathrm{Span}\{\vec{x}_1\}\neq V$，则存在 $\vec{x}_2\in V$，满足 $\vec{x}_1,\vec{x}_2$ 线性无关。重复上述过程。因为 $\dim V=n$，所以上述过程不会一直进行下去，到第 n 步结束。这样我们得到 $\vec{x}_1,\cdots,\vec{x}_n$ 线性无关，即为 V 的一组基。 □

例子 3.5.1 全体 $m\times n$ 实矩阵组成的线性空间 $(M_{m\times n}(\mathbb{R}),+,\cdot)$ 的维数为 mn，它的一组基由 $m\times n$ 的矩阵 $\boldsymbol{E}_{ij}$ $(1\leqslant i\leqslant m,1\leqslant j\leqslant n)$ 给出，其中 $\boldsymbol{E}_{ij}$ 除了第 i 行第 j 列元素为 1，其余元素均为 0。

例子 3.5.2 对于任意的正整数 n，线性空间 $\mathbb{R}^n$ 都有一组基

$$\vec{e}_1=(1,0,\cdots,0),\vec{e}_2=(0,1,0,\cdots,0),\cdots,\vec{e}_n=(0,0,\cdots,0,1)$$

称为线性空间 $\mathbb{R}^n$ 的**标准基**。

3.6 练习

练习 3.6.1 证明线性空间满足如下性质：

(1) $\forall\vec{x}\in V$，$0\cdot\vec{x}=\vec{0}$；

(2) $\forall\alpha\in\mathbb{F}$，$\alpha\cdot\vec{0}=\vec{0}$；

(3) $\forall x\in V$，$-\vec{x}=(-1)\cdot\vec{x}$；

(4) $\vec{x},\vec{y}\in V$，$\vec{x}+\vec{y}=\vec{0}\Rightarrow\vec{y}=-\vec{x}$；

(5) $\vec{x},\vec{y},\vec{z}\in V$，$\vec{x}+\vec{y}=\vec{x}+\vec{z}\Rightarrow\vec{y}=\vec{z}$。

练习 3.6.2 证明 $M_{m\times n}(\mathbb{F})$ 在矩阵的加法和数乘下构成线性空间。

练习 3.6.3 寻找 $\mathbb{R}^3$ 的一个子集，对数乘封闭但对向量加法不封闭。

练习 3.6.4 设 $(V,+,\cdot)$ 是 $\mathbb{C}$ 上的线性空间。定义运算 $\boxtimes:\mathbb{C}\times V\to V$ 满足 $\lambda\boxtimes x=\bar{\lambda}\cdot x$，其中 $\bar{\lambda}$ 是 λ 的复共轭。证明 $(V,+,\boxtimes)$ 是 $\mathbb{C}$ 上的线性空间。

练习 3.6.5 设 $V=M_n(\mathbb{R})$ 是 $n\times n$ 实矩阵的集合。定义“加法”运算:

$$A\oplus B:=\frac{1}{3}(AB+BA)$$

任给 $A,B\in V$，定义“数乘”运算: $\alpha\otimes A:=\vec{0}$ 任给 $\alpha\in\mathbb{R}$，$A\in V$，判断 $(V,\oplus,\otimes)$ 是否构成线性空间，并说明理由。

练习 3.6.6 若 n 阶方阵 $\boldsymbol{A}$ 与所有 n 阶方阵对于矩阵乘法都可以交换，证明 $\boldsymbol{A}$ 必然可以写为 $k\cdot\boldsymbol{I}_n$ 的形式。

练习 3.6.7 证明矩阵的加法和乘法运算满足分配律和结合律。

练习 3.6.8 证明矩阵的加法和数乘满足交换律, 而矩阵乘法则一般不满足。

练习 3.6.9 设 $\vec{x}_1=(1,a,b)$，$\vec{x}_2=(0,1,c)$，$\vec{x}_3=(0,0,d)$ 是 $\mathbb{R}^3$ 中的向量。讨论 a,b,c,d 的取值范围，使得 $\vec{x}_1,\vec{x}_2,\vec{x}_3$ 线性无关。

练习 3.6.10 能否在 $\mathbb{Z}$ 上定义加法和数乘使得 $(\mathbb{Z},+,\cdot)$ 成为 $\mathbb{R}$ 上的线性空间?

练习 3.6.11 已知 $\vec{x}_1=(4,3,2,1)$，$\vec{x}_2=(6,2,2,2)$，$\vec{x}_3=(1,1,1,2)$，$\vec{y}_1=(4,-2,0,-2)$，$\vec{y}_2=(1,0,3,2)$ 是 $\mathbb{R}^4$ 中的向量。设 $W=\mathrm{Span}\{\vec{x}_1,\vec{x}_2,\vec{x}_3\}$，$V=\mathrm{Span}\{\vec{y}_1,\vec{y}_2\}$，试求 $\dim(W+V)$ 和 $\dim(W\cap V)$。

练习 3.6.12 设 V 是数域 $\mathbb{F}$ 上的线性空间且 $\dim(V)=n$，W 是 V 的子空间且 $\dim(W)=n-1$，而 U 是 V 的子空间且 U 不在 W 中。证明 $\dim(W\cap U)=\dim(U)-1$。

练习 3.6.13 设 L_1,L_2 是线性空间 V 的子空间且 $\dim(L_1)=\dim(L_2)=1$。证明 $L_1=L_2$ 或 $L_1\cap L_2$ 是零空间。

练习 3.6.14 设 $\vec{x}_1,\cdots,\vec{x}_l$ 是 $\mathbb{F}^n$ 中的向量且线性无关，将每个向量在相同位置上添加 m 个元素后，可得在线性空间 $\mathbb{F}^{n+m}$ 中新的（延长）向量组 $\vec{x}_1^+,\cdots,\vec{x}_l^+$。证明向量组 $\vec{x}_1^+,\cdots,\vec{x}_l^+$ 线性无关。

练习 3.6.15 设 $\vec{x}_1,\cdots,\vec{x}_l$ 是 $\mathbb{F}^n$ 中的向量且线性相关，将每个向量在相同位置上去掉 m 个元素后，可得在线性空间 $\mathbb{F}^{n-m}$ 中新的（缩短）向量组 $\vec{x}_1^-,\cdots,\vec{x}_l^-$。证明向量组 $\vec{x}_1^-,\cdots,\vec{x}_l^-$ 线性相关。

练习 3.6.16 找出如下矩阵列向量组的一组极大线性无关组，并求列向量组所张成子空间的维数：

(1) $\begin{pmatrix} 1 & 2 & 1 & 0 & 1 \\ 2 & 4 & 3 & 1 & 3 \\ 0 & 0 & 1 & 1 & 1 \end{pmatrix}$;

(2) $\begin{pmatrix} 1 & 2 & 0 & 1 & 0 & 0 \\ 1 & 1 & 0 & 0 & 1 & 1 \\ 0 & 0 & 0 & 0 & 0 & 0 \\ 1 & 1 & 0 & 0 & 0 & 1 \end{pmatrix}$。

练习 3.6.17 证明 $\mathbb{F}^n$ 中的向量组 $\vec{y}_1=(1,1,0,0,\cdots,0),\vec{y}_2=(0,1,1,0,\cdots,0),\cdots,\vec{y}_{n-1}=(0,0,\cdots,0,1,1),\vec{y}_n=(1,0,0,\cdots,0,1)$ 线性无关。

练习 3.6.18 证明任意向量组和它的极大线性无关组等价。

练习 3.6.19 证明同一向量组的任意两个极大线性无关组等价。

练习 3.6.20 假设 $m>n$，证明在线性空间 $\mathbb{F}^n$ 中任意 m 个向量都线性相关。

练习 3.6.21 证明数域 $\mathbb{F}$ 上的所有 n 阶对角矩阵组成的集合是矩阵线性空间 $(M_n(\mathbb{F}),+,\cdot)$ 的子空间。

练习 3.6.22 证明数域 $\mathbb{F}$ 上所有 n 阶的上三角方阵（或下三角方阵）组成的集合是线性空间 $M_n(\mathbb{F})$ 的子空间。

练习 3.6.23 设 U,W 是线性空间 V 的子空间。证明 $\dim(U\cap V)+\dim(U+V)=$

$\dim(U)+\dim(V)$。

练习 3.6.24 证明在复数域上 $\dim(M_n(\mathbb{C}))=n^2$，而在实数域上 $\dim(M_n(\mathbb{C}))=2n^2$。

练习 3.6.25 设 $\vec{x}_1,\cdots,\vec{x}_n,\vec{y}_1,\cdots,\vec{y}_m$ 是线性空间 V 中的向量。证明 $\mathrm{rank}(\{\vec{x}_1,\cdots,\vec{x}_n,\vec{y}_1,\cdots,\vec{y}_m\})\leqslant\mathrm{rank}(\{\vec{x}_1,\cdots,\vec{x}_n\})+\mathrm{rank}(\{\vec{y}_1,\cdots,\vec{y}_m\})$。

4 线性映射

4.1 定义与例子

简而言之，线性映射就是线性空间之间满足一些性质的映射。下面我们用数学语言给出严格的定义。

定义 4.1.1 设 V 和 W 是 $\mathbb{F}$ 上的线性空间，且 $f: V \to W$ 是一个从集合 V 到 W 的映射。称映射 $f: V \to W$ 为**线性映射**（或**线性变换**），如果以下条件成立：

(1) $f(\vec{x}+\vec{y}) = f(\vec{x}) + f(\vec{y})$，$\forall \vec{x}, \vec{y} \in V$；

(2) $f(\alpha \cdot \vec{x}) = \alpha \cdot f(\vec{x})$，$\forall \vec{x} \in V$，$\alpha \in \mathbb{F}$。

若 $f: V \to W$ 是双射，则称 f 为**同构**，或称 V **与** W **同构**，记为 $V \cong W$。

以上定义中的两个条件可以合并为如下一个条件：

$$f(\alpha\vec{x}+\beta\vec{y}) = \alpha f(\vec{x}) + \beta f(\vec{y}),\ \forall \vec{x}, \vec{y} \in V,\ \alpha, \beta \in \mathbb{F}$$

例子 4.1.1 定义**恒等映射**

$$\mathrm{id}: V \to V$$

为 $\mathrm{id}(\vec{x}) = \vec{x}$。该映射显然是一个线性映射且为同构。注意同构并不一定是恒等映射。

例子 4.1.2 定义**零映射**

$$0: V \to W$$

为 $0(\vec{x}) = \vec{0}$。零映射也是一个线性映射。

例子 4.1.3 可以把 $\mathbb{F}$ 看作一维的线性空间。取 $V = W = \mathbb{F}$，则所有线性映射 $f: \mathbb{F} \to \mathbb{F}$ 组成的集合一一对应于 $\mathbb{F}$。这是因为 $f(1)$ 的取值唯一地决定了线性映射 f。

例子 4.1.4 定义映射 $f: \mathbb{R}^4 \to \mathbb{R}^2$ 为 $f(a,b,c,d) := (a,b)$。该映射为线性映射。

在后面我们会讨论线性映射如何通过矩阵来决定。

定义 4.1.2 定义 $\mathrm{Hom}_{\mathbb{F}}(V, W)$ 为所有线性映射 $f: V \to W$ 的集合。定义**线性映射的加法** $f + f': V \to W$ 为

$$(f+f')(\vec{x}) := f(\vec{x}) + f'(\vec{x})$$

定义**线性映射的数乘** $c \cdot f: V \to W$ 为

$$(c \cdot f)(\vec{x}) := c \cdot f(\vec{x})$$

例子 4.1.5 不难验证 $\mathrm{Hom}_{\mathbb{F}}(V, W)$ 在线性映射的加法和数乘下构成一个线性空间。

4.2 核与像

定义 4.2.1 设 V 和 W 是 $\mathbb{F}$ 上的线性空间，且 $f: V \to W$ 是一个从集合 V 到 W 的映射。

(1) 映射 f 的**核**定义为 V 的子集 $\{\vec{x} \in V \mid f(\vec{x}) = \vec{0}\}$，记作 $\ker(f)$；

(2) 映射 f 的**像**定义为 W 的子集 $\{f(\vec{x}) \in W \mid \vec{x} \in V\}$，记作 $\mathrm{im}(f)$。

例子 4.2.1 若 $f: V \to W$ 是同构，则 $\ker(f) = \{\vec{0}\}$，$\mathrm{im}(f) = W$。

例子 4.2.2 在例子 4.1.2 中，$\ker(f) = V$，$\mathrm{im}(f) = \{\vec{0}\}$。

例子 4.2.3 在例子 4.1.3 中，映射 f 要么是零映射，即满足 $f(1) = 0$，要么是同构，即满足 $f(1) \neq 0$。零映射和同构的情况已在上面的例子中讨论。

例子 4.2.4 在例 4.1.4 中，$\ker(f) = \{(a, b, c, d) \in \mathbb{R}^4 : a = b = 0\} \cong \mathbb{R}^2$，$\mathrm{im}(f) = \mathbb{R}^2$。

命题 4.2.1 设 $f: V \to W$ 是线性映射。

(1) 核 $\ker(f)$ 是 V 的子空间；

(2) 像 $\mathrm{im}(f)$ 是 W 的子空间。

证明 (1) 设 $\vec{x}, \vec{y} \in \ker(f)$，则 $f(\vec{x}+\vec{y}) = f(\vec{x}) + f(\vec{y}) = \vec{0}$，因此 $\vec{x}+\vec{y} \in \ker(f)$。设 $\alpha \in \mathbb{F}$，则 $f(\alpha \cdot \vec{x}) = \alpha \cdot f(\vec{x}) = \vec{0}$，因此 $\alpha \cdot \vec{x} \in \ker(f)$。故 $\ker(f)$ 是 W 的子空间。

(2) 设 $\vec{x}, \vec{y} \in \mathrm{im}(f)$，则存在 $\vec{u}, \vec{v} \in V$，使得 $\vec{x}+\vec{y} = f(\vec{u})+f(\vec{v}) = f(\vec{u}+\vec{v}) \in \mathrm{im}(f)$。设 $\alpha \in \mathbb{F}$，则存在 $\vec{u} \in V$，使得 $\alpha\vec{x} = \alpha f(\vec{u}) = f(\alpha\vec{u}) \in \mathrm{im}(f)$。故 $\mathrm{im}(f)$ 是 W 的子空间。 □

命题 4.2.2 设 $f: V \to W$ 是线性映射，则 f 是单射当且仅当 $\ker(f) = \{\vec{0}\}$。

证明 充分性。取 $\vec{x} \in \ker(f)$，则 $f(\vec{x}) = \vec{0} = f(\vec{0})$，因此 $\vec{x} = \vec{0}$。

必要性。取 $\vec{x}, \vec{y} \in V$，若 $f(\vec{x}) = f(\vec{y})$，则 $f(\vec{x}-\vec{y}) = \vec{0}$，故 $\vec{x}-\vec{y} \in \ker(f)$，得到 $\vec{x}-\vec{y} = \vec{0}$。这说明 f 为单射。 □

命题 4.2.3 设 $f: V \to W$ 是线性映射，则 f 是满射当且仅当 $\mathrm{im}(f) = W$。

证明 由定义易得。 □

4.3 秩–零化度定理

定义 4.3.1 设 $f: V \to W$ 是线性映射。

(1) 称 $\mathrm{im}(f)$ 的维度为 f 的**秩**，记作 $\mathrm{rank}(f)$；

(2) 称 $\ker(f)$ 的维度为 f 的**零化度**，记作 $\mathrm{null}(f)$。

定理 4.3.1 设 $f: V \to W$ 是线性映射，且 V 是有限维的线性空间，则以下等式成立：

$$\mathrm{rank}(f) + \mathrm{null}(f) = \dim(V)$$

证明 设 $\{\vec{e}_1, \cdots, \vec{e}_r\}$ 是 $\ker(f)$ 的一组基。由定理 3.5.2 知，存在向量 $\{\vec{e}_{r+1}, \cdots, \vec{e}_n\}$，使得

$$\{\vec{e}_1, \cdots, \vec{e}_r, \vec{e}_{r+1}, \cdots, \vec{e}_n\}$$

构成 V 的一组基。我们仅需证明

$$\{f(\vec{e}_{r+1}),\cdots,f(\vec{e}_n)\}$$

构成 $\mathrm{im}(f)$ 的一组基。

先验证 $\{f(\vec{e}_{r+1}),\cdots,f(\vec{e}_n)\}$ 张成 $\mathrm{im}(f)$。由于 $\{\vec{e}_1,\cdots,\vec{e}_n\}$ 张成线性空间 V，故

$$\{f(\vec{e}_1),\cdots,f(\vec{e}_r),f(\vec{e}_{r+1}),\cdots,f(\vec{e}_n)\}$$

张成 $\mathrm{im}(f)$，且 $f(\vec{e}_1)=\cdots=f(\vec{e}_r)=\vec{0}$。

再验证 $\{f(\vec{e}_{r+1}),\cdots,f(\vec{e}_n)\}$ 线性无关。若 $\exists\alpha_{r+1},\cdots,\alpha_n\in\mathbb{F}$，使得 $\alpha_{r+1}f(\vec{e}_{r+1})+\cdots+\alpha_nf(\vec{e}_n)=\vec{0}$，则 $f(\alpha_{r+1}\vec{e}_{r+1}+\cdots+\alpha_n\vec{e}_n)=\vec{0}$，故 $\alpha_{r+1}\vec{e}_{r+1}+\cdots+\alpha_n\vec{e}_n\in\ker(f)$。由于 $\vec{e}_1,\cdots,\vec{e}_r$ 是 $\ker(f)$ 的一组基，因此 $\exists\beta_1,\cdots,\beta_r\in\mathbb{F}$，使得 $\alpha_{r+1}\vec{e}_{r+1}+\cdots+\alpha_n\vec{e}_n=\beta_1\vec{e}_1+\cdots+\beta_r\vec{e}_r$。移项得 $\beta_1\vec{e}_1+\cdots+\beta_r\vec{e}_r-\alpha_{r+1}\vec{e}_{r+1}-\cdots-\alpha_n\vec{e}_n=0$。由于 $\{\vec{e}_1,\cdots,\vec{e}_n\}$ 线性无关，因此有 $\beta_1=\cdots=\beta_r=\alpha_{r+1}=\cdots=\alpha_n=0$。 □

4.4 线性映射与矩阵的对应关系

设 $f:V\to W$ 是线性映射，且 $\dim(V)=n$，$\dim(W)=m$。设 $E=\{\vec{e}_1,\cdots,\vec{e}_n\}$ 是 V 的一组基，$E'=\{\vec{e}'_1,\cdots,\vec{e}'_m\}$ 是 W 的一组基。因为 $f(\vec{e}_i)$ $(i=1,\cdots,n)$ 是 W 中的向量，所以我们可以将其唯一地表示成 $\{\vec{e}'_1,\cdots,\vec{e}'_m\}$ 的线性组合，即

$$\begin{aligned}
f(\vec{e}_1)&=\alpha_{11}\vec{e}'_1+\alpha_{21}\vec{e}'_2+\cdots+\alpha_{m1}\vec{e}'_m\\
f(\vec{e}_2)&=\alpha_{12}\vec{e}'_1+\alpha_{22}\vec{e}'_2+\cdots+\alpha_{m2}\vec{e}'_m\\
&\cdots\cdots\\
f(\vec{e}_n)&=\alpha_{1n}\vec{e}'_1+\alpha_{2n}\vec{e}'_2+\cdots+\alpha_{mn}\vec{e}'_m
\end{aligned}$$

其中，系数 $\alpha_{ij}\in\mathbb{F}$，可构成矩阵

$$\boldsymbol{A}_f:=\begin{pmatrix}\alpha_{11}&\alpha_{12}&\cdots&\alpha_{1n}\\\alpha_{21}&\alpha_{22}&\cdots&\alpha_{2n}\\\vdots&\vdots&&\vdots\\\alpha_{m1}&\alpha_{m2}&\cdots&\alpha_{mn}\end{pmatrix}$$

定义 4.4.1 由系数 α_{ij} 构成的矩阵

$$\boldsymbol{A}_f:=[\alpha_{ij}]$$

称为**线性映射 f 关于基 E 和 E' 的矩阵**，也可记为 $\boldsymbol{A}_f^{E,E'}$。注意，矩阵 $\boldsymbol{A}_f$ 取决于基的选择。

定理 4.4.1 设 V, W 是 $\mathbb{F}$ 上维数为 n, m 的线性空间，给定 V, W 的一组基 E, E'，映射 $\Phi: \mathrm{Hom}_{\mathbb{F}}(V, W) \to M_{m\times n}(\mathbb{F})$，则 $\Phi(f) = \boldsymbol{A}_f$ 是同构。

证明 需要验证

$$\Phi(\alpha f + \beta g) = \alpha\Phi(f) + \beta\Phi(g)$$

即验证 $A_{\alpha f+\beta g} = \alpha A_f + \beta A_g$，该等式可由矩阵的数乘和加法的性质给出，请读者自行验证。映射 Φ 是双射，因其将 $\mathrm{Hom}_{\mathbb{F}}(V, W)$ 的一组基一一映到 $M_{m\times n}(\mathbb{F})$ 的一组基。 □

例子 4.4.1 设 V 是维数为 n 的线性空间。设 E 是 V 的一组基，E' 是 V 的另一组基，称矩阵 $\boldsymbol{A}_{\mathrm{id}}^{E,E'}$ 为 V 的**基变换矩阵**。

在第 1 章我们提到，解线性方程组是线性代数初期发展的主要动机。我们还提到过，线性方程组可以用矩阵的运算表示，即

$$\boldsymbol{A} \cdot \vec{x} = \vec{b}$$

其中，$\boldsymbol{A} \in M_{m\times n}(\mathbb{F})$, $\vec{x} = (x_1, x_2, \cdots, x_n)^{\mathrm{T}}$ 是由未知数构成的列矩阵，$\vec{b} = (\beta_1, \beta_2, \cdots, \beta_m)^{\mathrm{T}} \in M_{m\times 1}(\mathbb{F})$。那么，这种表示是否与线性映射有关系？下面命题给出了回答。

命题 4.4.1 设 V, W 是 $\mathbb{F}$ 上维数为 n, m 的线性空间，给定 V, W 的一组基 E, E'，设 f 是 $\boldsymbol{A}$ 在该组基下所对应的线性映射，则线性方程组 $\boldsymbol{A} \cdot \vec{x} = \vec{b}$ 的解与集合

$$\left\{\vec{v} \in V \mid f(\vec{v}) = \vec{b}\right\}$$

中的元素一一对应。

证明 任给 $\vec{v} \in V$，可以把 $\vec{v}$ 写成 $\vec{v} = \sum\limits_{i=1}^{n} \gamma_i \vec{e}_i$，其中 $\gamma_i \in \mathbb{F}$。若 $f(\vec{v}) = \vec{b}$，则 $f(\vec{v}) = f\left(\sum\limits_{i=1}^{n} \gamma_i \vec{e}_i\right) = \sum\limits_{i=1}^{n} \gamma_i f(\vec{e}_i) = \sum\limits_{i=1}^{n}\sum\limits_{j=1}^{m} \gamma_i \alpha_{ji} \vec{e}'_j = \sum\limits_{j=1}^{m} \beta_j \vec{e}'_j = \vec{b}$。这说明 $\boldsymbol{A} \cdot \vec{c} = \vec{b}$，其中，$\vec{c} = (\gamma_1, \cdots, \gamma_n)^{\mathrm{T}}$，即 $\vec{c}$ 是线性方程组 $\boldsymbol{A} \cdot \vec{x} = \vec{b}$ 的一个解。 □

4.5 练习

练习 4.5.1 设 W_1, W_2 是 V 的两个子空间，且 $\dim W_1 = \dim W_2$。证明 $W_1 \cong W_2$。

练习 4.5.2 证明映射 $\alpha: \mathbb{R}^2 \to \mathbb{R}^2, (a, b) \mapsto (2a+b, a-b)$ 是同构。

练习 4.5.3 设 $a, b, c \in \mathbb{R}$。定义 $\alpha: \mathbb{R}^3 \to \mathbb{R}^3$ 满足 $\alpha(x, y, z) = (x - 3y + z + a, 5x + bx^2, x + z + cxyz)$。证明 α 是线性映射当且仅当 $a = b = c = 0$。

练习 4.5.4 证明即使一个映射 $\phi: \mathbb{R} \to \mathbb{R}$ 满足 $\phi(a+b) = \phi(a) + \phi(b)$ 也不能保证该映射是实线性空间之间的线性映射。

练习 4.5.5 设 U 是 V 的线性空间的子空间，$\alpha: U \to W$ 是线性映射。构造如下映射：

$$\beta: V \to W,\ v \mapsto \begin{cases} \alpha v, & v \in U \\ 0, & v \notin U \end{cases}$$

判断映射 β 是否是线性映射，并说明理由。

练习 4.5.6　设 $\alpha:\mathbb{R}^3\to\mathbb{R}^3$ 满足 $\alpha(a,b,c)=(a+3b-c,0,2c+b)$。

(1) 求 $\ker(\alpha)$ 和 $\operatorname{im}(\alpha)$ 的维数；

(2) 求 $\dim(\ker(\alpha)+\operatorname{im}(\alpha))$ 和 $\dim(\ker(\alpha)\cap\operatorname{im}(\alpha))$。

练习 4.5.7　设 V,W 分别是维度为 m,n 的线性空间，设 $\{\vec{e}_1,\cdots,\vec{e}_m\}$ 和 $\{\vec{f}_1,\cdots,\vec{f}_n\}$ 分别是 V 和 W 的一组基。定义线性映射

$$F_{ij}:V\to W,\quad F_{ij}(\vec{e}_k)=\begin{cases}\vec{0}, & k\neq i\\ f_j, & k=i\end{cases}$$

其中，$1\leqslant i\leqslant n$，$1\leqslant j\leqslant m$。证明 $\{F_{ij}:1\leqslant i\leqslant n,\ 1\leqslant j\leqslant m\}$ 构成 $\operatorname{Hom}_{\mathbb{F}}(V,W)$ 的一组基。

练习 4.5.8　设 $f:V\to W$ 是线性映射，U 是线性空间。

(1) 证明映射 $f^*:\operatorname{Hom}_{\mathbb{F}}(W,U)\to\operatorname{Hom}_{\mathbb{F}}(V,U)$，$f^*(L):=L\circ f$ 是线性映射；

(2) 证明映射 $f_*:\operatorname{Hom}_{\mathbb{F}}(U,V)\to\operatorname{Hom}_{\mathbb{F}}(U,W)$，$f_*(L):=f\circ L$ 是线性映射。

练习 4.5.9　设 V 是 $\mathbb{F}$ 上的线性空间。通常称 $\operatorname{Hom}_{\mathbb{F}}(V,\mathbb{F})$ 为 V 的**对偶空间**，记作 V^*。证明 $\dim(V)=\dim(V^*)$。

练习 4.5.10　构造一个线性映射 $f:U\to V$，使其满足 $\operatorname{null}(f)=\operatorname{rank}(f)=3$。

练习 4.5.11　设 V 和 W 是 $\mathbb{F}$ 上的线性空间，且 $f:V\to W$ 是一个从 V 到 W 的线性映射。

(1) 证明映射 $f^*:W^*\to V^*$，$f^*(L):=L\circ f$ 是线性映射。

(2) 证明 $\ker(f)$ 同构于 $\operatorname{im}(f^*)$。

练习 4.5.12　设 V 是线性空间。定义映射

$$\eta:V\to V^{**},\quad \eta(\vec{x}):=(\hat{x}:f\mapsto f(\vec{x}))$$

证明该映射是线性映射且为同构。

练习 4.5.13　设 $f:V\to W$ 是线性映射。证明 $\operatorname{rank}(f)=\operatorname{rank}(f^*)$。

练习 4.5.14　设 $f:V\to W$ 和 $g:W\to U$ 是线性映射。

(1) 证明 $\operatorname{im}(g\circ f)\subset\operatorname{im}(g)$；

(2) 证明 $\ker(f)\subset\ker(g\circ f)$；

(3) 证明 $\operatorname{rank}(f)+\operatorname{rank}(g)-\dim(W)\leqslant\min\{\operatorname{rank}(f),\operatorname{rank}(g)\}$；

(4) 证明 $\dim(\ker(g\circ f))\leqslant\dim(\ker(f))+\dim(\ker(g))$。

练习 4.5.15　举例说明存在线性映射 $f:V\to V$ 满足 $\{\vec{0}\}\neq\ker(f)\subset\operatorname{im}(f)$。

练习 4.5.16　设

$$\boldsymbol{A}=\begin{pmatrix}a & b\\ c & d\end{pmatrix}$$

是 $M_2(\mathbb{F})$ 中的矩阵。定义映射 $L_{\boldsymbol{A}}:M_2(\mathbb{F})\to M_2(\mathbb{F})$，$L_{\boldsymbol{A}}(\boldsymbol{M}):=\boldsymbol{A}\cdot\boldsymbol{M}$。试求 $L_{\boldsymbol{A}}$ 关于基 $\{\boldsymbol{E}_{11},\boldsymbol{E}_{12},\boldsymbol{E}_{21},\boldsymbol{E}_{22}\}$ 的矩阵。

练习 4.5.17 定义映射

$$\Phi:\mathbb{C}\to M_2(\mathbb{R}),\ \Phi(a+b\mathrm{i}):=\begin{pmatrix}a & -b\\ b & a\end{pmatrix}$$

证明 Φ 是线性映射且为单射，但不是满射。

练习 4.5.18 定义映射 $\Psi: M_2(\mathbb{C})\to M_4(\mathbb{R})$ 满足

$$\Psi\left(\begin{pmatrix}a+b\mathrm{i} & c+d\mathrm{i}\\ e+f\mathrm{i} & g+h\mathrm{i}\end{pmatrix}\right)=\begin{pmatrix}a & b & c & d\\ -b & -a & -d & c\\ e & f & g & h\\ -f & e & -h & g\end{pmatrix}$$

试证 Ψ 是 $\mathbb{R}$ 线性空间之间的线性映射，并求 $\ker(\Psi)$。

练习 4.5.19 设 U,V 是线性空间，设 $f:U\to V$ 是线性映射。证明 f 是满射当且仅当对任意的线性空间 W 都有 $f^*:\mathrm{Hom}(V,W)\to\mathrm{Hom}(U,W)$ 是单射。

练习 4.5.20 设 V 是 $\mathbb{F}$ 上的线性空间，W 是 V 的子空间。对任意的 $\vec{x}\in V$，定义集合 $\vec{x}+W:=\{\vec{x}+\vec{w}\mid \vec{w}\in W\}$。设 V/W 是所有集合 $\vec{x}+W$ 的集合。定义加法如下：

$$(\vec{x}+W)+(\vec{y}+W)=(\vec{x}+\vec{y})+W$$

对任意的 $\alpha\in\mathbb{F}$，定义数乘如下：

$$\alpha\cdot(\vec{x}+W)=\alpha\vec{x}+W$$

证明：

(1) $\vec{x}+W=\vec{y}+W$ 当且仅当 $\vec{x}-\vec{y}\in W$；

(2) 集合 V/W 在如上定义的加法和数乘下构成 $\mathbb{F}$ 上的线性空间，通常称之为**商空间**；

(3) $\dim V/W=\dim V-\dim W$。

5 初等变换与可逆矩阵

5.1 高斯消元法

考虑求解如下的二元一次方程组：

$$\begin{cases} 2x+3y=1 \\ 4x+5y=1 \end{cases}$$

在初等代数学里，我们用高斯消元法解该方程。具体算法如下：第 1 行等式 $2x+3y=1$ 的两边乘上 -2 与第 2 行 $4x+5y=1$ 的两边相加，得到 $-y=-1$, 从而得到 $y=1$。将 $y=1$ 代入第一行等式，得 $x=-1$，即用 -3 乘上等式 $y=1$ 的两边与第 1 行 $2x+3y=1$ 的两边相加，得到 $2x=-2$，从而得到 $x=-1$。

我们可以用矩阵的语言重新表示该方程组为

$$\begin{pmatrix} 2 & 3 \\ 4 & 5 \end{pmatrix} \begin{pmatrix} x \\ y \end{pmatrix} = \begin{pmatrix} 1 \\ 1 \end{pmatrix}$$

下面我们直接在矩阵上进行高斯消元法。首先，把方程组中的系数矩阵整合成如下的矩阵：

$$\left(\begin{array}{cc|c} 2 & 3 & 1 \\ 4 & 5 & 1 \end{array}\right)$$

该矩阵称为**增广矩阵**, 包含方程组的所有给定信息。接着，我们做如下与高斯消元法相对应的算法：

$$\left(\begin{array}{cc|c} 2 & 3 & 1 \\ 4 & 5 & 1 \end{array}\right) \qquad \vec{r}_2 \to \vec{r}_2 - 2\vec{r}_1$$

$$\downarrow$$

$$\left(\begin{array}{cc|c} 2 & 3 & 1 \\ 0 & -1 & -1 \end{array}\right) \qquad \vec{r}_2 \to -\vec{r}_2$$

$$\downarrow$$

$$\left(\begin{array}{cc|c}2 & 3 & 1\\0 & 1 & 1\end{array}\right) \qquad \vec{r}_1 \to \vec{r}_1 - 3\vec{r}_2$$

$$\downarrow$$

$$\left(\begin{array}{cc|c}2 & 0 & -2\\0 & 1 & 1\end{array}\right) \qquad \vec{r}_1 \to \tfrac{1}{2}\vec{r}_1$$

$$\downarrow$$

$$\left(\begin{array}{cc|c}1 & 0 & -1\\0 & 1 & 1\end{array}\right)$$

其中，$\vec{r}_1, \vec{r}_2$ 分别表示增广矩阵的第 1 行和第 2 行，$\vec{r}_2 \to a\vec{r}_1 + b\vec{r}_2$ 表示把增广矩阵的第 2 行变换成“第 1 行乘以 a 加上第 2 行乘以 b”。如此解得 $x = -1$，$y = 1$，且不难看出该解唯一。

并不是所有的线性方程组都有解，例如下面的方程组：

$$\begin{cases}2x + 3y = 1\\4x + 6y = 1\end{cases}$$

为了对矩阵的语言更加熟悉，我们写出如下过程：

$$\left(\begin{array}{cc|c}2 & 3 & 1\\4 & 6 & 1\end{array}\right) \xrightarrow{\vec{r}_2 \to \vec{r}_2 - 2\vec{r}_1} \left(\begin{array}{cc|c}2 & 3 & 1\\0 & 0 & -1\end{array}\right)$$

由此得到了 $0 = -1$，矛盾。

而线性方程组的解也不一定唯一。例如下面的方程组：

$$\begin{cases}2x + 3y = 1\\4x + 6y = 2\end{cases}$$

用矩阵的语言，我们有

$$\left(\begin{array}{cc|c}2 & 3 & 1\\4 & 6 & 2\end{array}\right) \xrightarrow{\vec{r}_2 \to \vec{r}_2 - 2\vec{r}_1} \left(\begin{array}{cc|c}2 & 3 & 1\\0 & 0 & 0\end{array}\right)$$

因此，$x = (1 - 3\alpha)/2$，$y = \alpha$ 对任意的 $\alpha \in \mathbb{R}$ 都是该方程组的解。

5.2 初等行变换

刻画多元线性方程组解的一种方法是使用初等行变换。该方法正是从高斯消元法中提炼出来的，下面我们将详细介绍。设 $\boldsymbol{A} = [\alpha_{ij}] \in M_{m\times n}(\mathbb{F})$。

定义 5.2.1 设 $\vec{r}_t \in M_{1\times n}(\mathbb{F})$ 是 $\boldsymbol{A}$ 的第 t 行。矩阵的**初等行变换**是指以下三种矩阵的变换：

R1. 矩阵 $\boldsymbol{A}$ 的两行互换，记作 $\vec{r}_i \leftrightarrow \vec{r}_j$。

R2. 矩阵 $\boldsymbol{A}$ 的某一行乘上一个非零常数，记作 $\vec{r}_i \to k\vec{r}_i$，其中 $k \neq 0$。

R3. 矩阵 $\boldsymbol{A}$ 的某一行加上另一行的某一倍数，记作 $\vec{r}_i \to \vec{r}_i + k\vec{r}_j$。

在第 5.1 节中我们已经在增广矩阵中给出了一些关于初等行变换的例子。

例子 5.2.1 对应于初等行变换，我们再给出一些例子。

R1. 第 1 行和第 2 行互换：

$$\begin{pmatrix} 2 & 3 & 1 \\ 1 & 1 & 1 \\ 1 & 3 & 2 \end{pmatrix} \xrightarrow{\vec{r}_1 \leftrightarrow \vec{r}_2} \begin{pmatrix} 1 & 1 & 1 \\ 2 & 3 & 1 \\ 1 & 3 & 2 \end{pmatrix}$$

R2. 第 1 行乘上一个数 $k \neq 0$：

$$\begin{pmatrix} 1 & 1 & 1 \\ 2 & 3 & 1 \\ 1 & 3 & 2 \end{pmatrix} \xrightarrow{\vec{r}_1 \to k\vec{r}_1} \begin{pmatrix} k & k & k \\ 2 & 3 & 1 \\ 1 & 3 & 2 \end{pmatrix}$$

R3. 第 2 行加上第 1 行的 -2 倍：

$$\begin{pmatrix} 1 & 1 & 1 \\ 2 & 3 & 1 \\ 1 & 3 & 2 \end{pmatrix} \xrightarrow{\vec{r}_2 \to \vec{r}_2 - 2\vec{r}_1} \begin{pmatrix} 1 & 1 & 1 \\ 0 & 1 & -1 \\ 1 & 3 & 2 \end{pmatrix}$$

定义 5.2.2 如果矩阵 $\boldsymbol{A}$ 的第 i 行中的数不全为零，则定义一个数 l_i 满足如下条件：

$$\begin{cases} \alpha_{ij} = 0, & j < l_i \\ \alpha_{ij} \neq 0, & j = l_i \end{cases}$$

我们称矩阵 $\boldsymbol{A}$ 为**行阶梯形矩阵**，如果 $\boldsymbol{A}$ 满足以下条件：

(1) $\boldsymbol{A}$ 的第 $1 \sim s$ 行为非零行；

(2) $\boldsymbol{A}$ 的第 $s+1$ 行到最后一行为零行；

(3) $\alpha_{i,l_i} = 1$ 对所有的 $1 \leqslant i \leqslant s$ 均成立；

(4) $l_1 < l_2 < \cdots < l_s$。

我们称矩阵 $\boldsymbol{A}$ 为**行最简形矩阵**，如果 $\boldsymbol{A}$ 是行阶梯形矩阵且 $\alpha_{j,l_i} = 0$ 对所有的 $j \neq i$ 均成立。

例子 5.2.2 以下矩阵为行阶梯形矩阵：

$$\begin{pmatrix} 1 & 0 & 2 & 0 & 1 \\ \hline 0 & \multicolumn{1}{|c}{1} & 0 & 3 & 4 \\ \cline{3-4} 0 & 0 & 0 & \multicolumn{1}{|c}{1} & 2 \\ \cline{4-5} 0 & 0 & 0 & 0 & 0 \end{pmatrix}$$

该矩阵中划线部分以下均为零，且呈阶梯状，故称该类型的矩阵为阶梯形矩阵。注意，在本例中，该矩阵不是行最简形矩阵，因为 $\alpha_{24} \neq 0$。

例子 5.2.3 以下矩阵为行最简形矩阵：

$$\begin{pmatrix} 1 & 0 & 2 & 0 & 1 \\ 0 & 1 & 0 & 0 & 4 \\ 0 & 0 & 0 & 1 & 2 \\ 0 & 0 & 0 & 0 & 0 \end{pmatrix}$$

该矩阵与例子 5.2.2 中的矩阵不同的地方就在于 $\alpha_{24} = 0$。

定理 5.2.1 任一矩阵都可通过初等行变换化成行最简形矩阵。

证明 第一步，通过初等行变换使矩阵满足 $\alpha_{1,l_1} = 1$ 且 $\alpha_{ij} = 0$ 对任意的 $i > 1$，$j \leqslant l_i$，具体如下：

(1) 通过 R1 使新矩阵满足 $\alpha_{1,l_1} \neq 0$，且 $\alpha_{ij} = 0$ 对任意的 $i > 0$，$j < l_i$ 均成立；

(2) 通过 R2 使 $\alpha_{1,l_1} = 1$；

(3) 通过 R3 使 $\alpha_{i,l_1} = 0$ 对任意的 $i > 1$ 均成立。

第一步过后，矩阵变为如下分块形式：

$$\left(\begin{array}{c|c} \vec{e}_{l_1} & * \\ \hline 0 & \boldsymbol{D}_1 \end{array}\right)$$

其中，$\boldsymbol{D}_1 \in M_{m-1,n-l_1}(\mathbb{F})$，$\vec{e}_{l_1}$ 为行空间 $\mathbb{F}^{l_1}$ 的标准基中最后一个向量。

第二步，通过初等行变换使矩阵变成行阶梯形矩阵，具体如下：

(1) 对 $\boldsymbol{D}_1$ 做第一步中的算法，最后所得的矩阵为

$$\left(\begin{array}{c|c|c} \vec{e}_{l_1} & * & * \\ \cline{2-3} 0 & \vec{e}_{t_2} & * \\ \hline 0 & 0 & \boldsymbol{D}_2 \end{array}\right)$$

其中 $t_2 = l_2 - l_1$。

(2) 对 D_2 做第一步中的算法，得到矩阵 D_3，归纳即可得到行阶梯形矩阵，为

$$\left(\begin{array}{c|c|c|c|c} \vec{e}_{l_1} & * & * & \cdots & * \\ \hline 0 & \vec{e}_{t_2} & * & \cdots & * \\ \hline \vdots & \vdots & \vdots & \vdots & \vdots \\ \hline 0 & \cdots & 0 & \vec{e}_{t_s} & * \\ \hline 0 & \cdots & 0 & 0 & 0 \end{array}\right)$$

其中 $t_i = l_i - l_{i-1}$。注意，所有的零行此时都会在非行零之下。

第三步，通过 R3 使行阶梯矩阵形矩阵转化成行最简形矩阵，具体如下：

(1) 锁定元素 α_{i,l_i}；

(2) 用 R3 消去 $\alpha_{2,l_2} = 1$ 所在列的所有元素，再用 R3 消去 $\alpha_{3,l_3} = 1$ 所在列的所有元素，如此不停地做下去。

我们的证明终止在第三步。证毕。 □

例子 5.2.4 为了更好地应用证明中涉及的算法，我们考虑如下例子：

$$\begin{pmatrix} 0 & 1 & 0 & 1 & 6 \\ 1 & 0 & 2 & 1 & 3 \\ 0 & 0 & 0 & -1 & -2 \\ 2 & 1 & 4 & 2 & 10 \end{pmatrix} \qquad \vec{r}_1 \leftrightarrow \vec{r}_2$$

$$\downarrow$$

$$\begin{pmatrix} 1 & 0 & 2 & 1 & 3 \\ 0 & 1 & 0 & 1 & 6 \\ 0 & 0 & 0 & -1 & -2 \\ 2 & 1 & 4 & 2 & 10 \end{pmatrix} \qquad \vec{r}_4 \to \vec{r}_4 - 2\vec{r}_1$$

$$\downarrow$$

$$\begin{pmatrix} 1 & 0 & 2 & 1 & 3 \\ 0 & 1 & 0 & 1 & 6 \\ 0 & 0 & 0 & -1 & -2 \\ 0 & 1 & 0 & 0 & 4 \end{pmatrix} \qquad \vec{r}_4 \to \vec{r}_4 - \vec{r}_2$$

$$\downarrow$$

$$\begin{pmatrix} 1 & 0 & 2 & 1 & 3 \\ 0 & 1 & 0 & 1 & 6 \\ 0 & 0 & 0 & -1 & -2 \\ 0 & 0 & 0 & -1 & -2 \end{pmatrix} \qquad \vec{r}_4 \to \vec{r}_4 - \vec{r}_3，\vec{r}_3 \to -\vec{r}_3$$

$$\downarrow$$

$$\begin{pmatrix} 1 & 0 & 2 & 1 & 3 \\ 0 & 1 & 0 & 1 & 6 \\ 0 & 0 & 0 & 1 & 2 \\ 0 & 0 & 0 & 0 & 0 \end{pmatrix} \quad \vec{r}_2 \to \vec{r}_2 - \vec{r}_3,\ \vec{r}_1 \to \vec{r}_1 - \vec{r}_3$$

$$\downarrow$$

$$\begin{pmatrix} 1 & 0 & 2 & 0 & 1 \\ 0 & 1 & 0 & 0 & 4 \\ 0 & 0 & 0 & 1 & 2 \\ 0 & 0 & 0 & 0 & 0 \end{pmatrix}$$

5.3 初等列变换

定义 5.3.1 设 $\vec{c}_s \in M_{m\times 1}(\mathbb{F})$ 是矩阵 $\boldsymbol{A}$ 的第 s 列。矩阵的**初等列变换**是指以下三种矩阵的变换：

C1. 矩阵 $\boldsymbol{A}$ 的两列互换，记作 $\vec{c}_i \leftrightarrow \vec{c}_j$；

C2. 矩阵 $\boldsymbol{A}$ 的某一列乘上一个非零常数，记作 $\vec{c}_i \to \lambda\vec{c}_i$，其中 $\lambda \neq 0$；

C3. 矩阵 $\boldsymbol{A}$ 的某一列加上另一列的某一倍数，记作 $\vec{c}_i \to \vec{c}_i + \lambda\vec{c}_j$。

注意，因为初等列变换改变了线性方程组的信息，所以不能用来具体求解线性方程组。

定义 5.3.2 称矩阵 $\boldsymbol{A} = [\alpha_{ij}]$ 为**标准形式**，如果存在一个正整数 r，有

$$\alpha_{ij} = \begin{cases} 0，\ i \neq j \text{ 或 } i = j > r \\ 1，\ i = j \leqslant r \end{cases}$$

命题 5.3.1 任意矩阵都能通过行变换和列变换转化成标准形式。

证明 首先，用初等行变换将矩阵化成行最简形矩阵。此时，所有的 $\alpha_{i,l_i} = 1$。接着我们用 C3 将矩阵化成只有 $\alpha_{i,l_i} = 1$，其余元素均为 0。接着再用 C2 把第 i 列与第 l_i 列交换，将矩阵化成标准形式。 □

以上结果将会用于定义矩阵的秩。

例子 5.3.1 我们可以将例子 5.2.4 中的矩阵通过初等列变换进一步化成标准形式，具体如下：

$$\begin{pmatrix} 1 & 0 & 2 & 0 & 1 \\ 0 & 1 & 0 & 0 & 4 \\ 0 & 0 & 0 & 1 & 2 \\ 0 & 0 & 0 & 0 & 0 \end{pmatrix} \quad \vec{c}_3 \to \vec{c}_3 - 2\vec{c}_1,\ \vec{c}_5 \to \vec{c}_5 - \vec{c}_1 - 4\vec{c}_2 - 2\vec{c}_4$$

$$\downarrow$$

$$\begin{pmatrix} 1 & 0 & 0 & 0 & 0 \\ 0 & 1 & 0 & 0 & 0 \\ 0 & 0 & 0 & 1 & 0 \\ 0 & 0 & 0 & 0 & 0 \end{pmatrix} \quad \vec{c}_3 \leftrightarrow \vec{c}_4$$

$$\downarrow$$

$$\begin{pmatrix} 1 & 0 & 0 & 0 & 0 \\ 0 & 1 & 0 & 0 & 0 \\ 0 & 0 & 1 & 0 & 0 \\ 0 & 0 & 0 & 0 & 0 \end{pmatrix}$$

5.4 矩阵的秩

设 $\boldsymbol{A}$ 是元素取值在 $\mathbb{F}$ 上的 $m \times n$ 矩阵。矩阵 $\boldsymbol{A}$ 的行 $\vec{r}_1, \cdots, \vec{r}_m$ 可以认为是线性空间 $\mathbb{F}^n$ 中的向量组。同理，矩阵 $\boldsymbol{A}$ 的行 $\vec{c}_1, \cdots, \vec{c}_n$ 可以认为是线性空间 $\mathbb{F}^m$ 中的向量组。

定义 5.4.1

- 矩阵的**行秩**就是由 $\vec{r}_1, \cdots, \vec{r}_m$ 在 $\mathbb{F}^n$ 中所张成的子空间 R 的维数。
- 矩阵的**列秩**就是由 $\vec{c}_1, \cdots, \vec{c}_n$ 在 $\mathbb{F}^m$ 中所张成的子空间 C 的维数。

直观地看，矩阵的行向量和列向量是完全不同的。但是，如下定理中奇妙的事情发生了。

定理 5.4.1 矩阵的行秩和列秩相等。

证明 根据命题 5.3.1，仅需证明初等行/列变换不改变矩阵的行秩和列秩，这是因为矩阵标准形式的行秩和列秩相等。

不难证明初等行变换不改变矩阵的行秩。在子空间 $R = \langle \vec{r}_1, \cdots, \vec{r}_m \rangle$ 中，任意初等行变换把 $\vec{r}_i$ 变为线性组合 $\lambda_1 \vec{r}_1 + \cdots + \cdots \lambda_m \vec{r}_m$，其仍然在 R 中。另外，由于初等行变换的可逆性，可知变换后的行向量仍然张成子空间 R，即行秩不变。

下面来证明初等行变换不改变矩阵的列秩。矩阵的列秩就是向量组 $\vec{c}_1, \cdots, \vec{c}_n$ 的秩，即其极大线性无关组中向量的个数。对向量组 $\{\vec{c}_1, \cdots, \vec{c}_n\}$ 的任意一个子集 $\{\vec{c}_{i_1}, \cdots, \vec{c}_{i_k}\}$，我们需要证明的是初等行变化不改变向量组 $\vec{c}_{i_1}, \cdots, \vec{c}_{i_k}$ 的线性相关性。$\vec{c}_{i_1}, \cdots, \vec{c}_{i_k}$ 线性相关，当且仅当存在 $\alpha_1, \cdots, \alpha_k \in \mathbb{F}$ 不全为零，使得 $\alpha_1 \vec{c}_{i_1} + \cdots + \alpha_k \vec{c}_{i_k} = 0$。这意味着方程组 $\widetilde{\boldsymbol{A}} \vec{x} = \vec{0}$ 有非零解 $\vec{x} = (\alpha_1, \cdots, \alpha_k)$，其中 $\widetilde{\boldsymbol{A}}$ 定义为矩阵 $(\vec{c}_{i_1}, \cdots, \vec{c}_{i_k})$。注意到初等行变换不改变该方程组解的信息，这表明向量组 $\vec{c}_{i_1}, \cdots, \vec{c}_{i_s}$ 线性无关当且仅当其在任意初等行变换作用后依然线性无关。

同理可以证明初等列变换也不改变矩阵的行秩和列秩（考虑 $\boldsymbol{A}$ 和 $\boldsymbol{A}^{\mathrm{T}}$ 的关系）。 □

根据上述定理证明过程，可知矩阵 $\boldsymbol{A}$ 经过初等行（列）变换后化成的行（列）最简形式中非零行的个数就是矩阵 $\boldsymbol{A}$ 的行（列）秩。

定义 5.4.2 统称矩阵的行秩和列秩为矩阵的**秩**。

一般情况下，我们可以通过初等行（列）变换来求矩阵的秩。

例子 5.4.1 例子 5.2.4 中矩阵的秩为 3。

定义 5.4.3

- **行满秩矩阵**：如果一个矩阵的行秩等于它的行数。
- **列满秩矩阵**：如果一个矩阵的列秩等于它的行数。
- **满秩矩阵**：如果一个矩阵既是行满秩的，又是列满秩的。

5.5 可逆矩阵

定义 5.5.1 称 $n \times n$ 方块矩阵 $\boldsymbol{A}$ 为**可逆矩阵**，如果存在另一个 $n \times n$ 矩阵 $\boldsymbol{B}$，满足

$$\boldsymbol{AB} = \boldsymbol{BA} = \boldsymbol{I}_n$$

其中 $\boldsymbol{I}_n$ 是 $n \times n$ 单位矩阵，那么矩阵 $\boldsymbol{B}$ 称为矩阵 $\boldsymbol{A}$ 的**逆矩阵**。我们通常把矩阵 $\boldsymbol{B}$ 记为 $\boldsymbol{A}^{-1}$。

给定一个 $n \times n$ 方阵 $\boldsymbol{A}$，如何寻找 $\boldsymbol{A}$ 的逆矩阵？下面我们通过引入初等矩阵这一重要概念来给出具体解法。

定义 5.5.2 称 $n \times n$ 方阵为**初等矩阵**，如果该方阵是以下三种类型矩阵中的其中一种：

(1) 第一类矩阵是把单位矩阵的第 i 行和第 j 行互换得到的矩阵，即

$$\boldsymbol{E}_{ij}^1 := \begin{pmatrix} 1 & & & & & & \\ & \ddots & & & & & \\ & & 0 & & 1 & & \\ & & & \ddots & & & \\ & & 1 & & 0 & & \\ & & & & & \ddots & \\ & & & & & & 1 \end{pmatrix}$$

(2) 第二类矩阵是在单位矩阵的第 j 行乘上一个数 $\lambda(\lambda \neq 0)$，即

$$\boldsymbol{E}_i^2(\lambda) := \begin{pmatrix} 1 & & & & & & \\ & \ddots & & & & & \\ & & 1 & & & & \\ & & & \lambda & & & \\ & & & & 1 & & \\ & & & & & \ddots & \\ & & & & & & 1 \end{pmatrix}$$

(3) 第三类矩阵是在单位矩阵的第 i 行第 j 列加上一个数 λ，即

$$\boldsymbol{E}_{ij}^3(\lambda) := \begin{pmatrix} 1 & & & & & & \\ & \ddots & & & & & \\ & & 1 & & \lambda & & \\ & & & \ddots & & & \\ & & & & 1 & & \\ & & & & & \ddots & \\ & & & & & & 1 \end{pmatrix}$$

注记 5.5.1　矩阵的初等行变换与初等矩阵的关系如下：

R1. 矩阵 $\boldsymbol{A}$ 的第 i 行和第 j 行互换（$\vec{r}_i \leftrightarrow \vec{r}_j$）后得到的矩阵等于 $\boldsymbol{E}_{ij}^1 \cdot \boldsymbol{A}$。

R2. 矩阵 $\boldsymbol{A}$ 的第 i 行乘上一个非零数 λ（$\vec{r}_i \to \lambda\vec{r}_i$）后得到的矩阵等于 $\boldsymbol{E}_i^2(\lambda) \cdot A$。

R3. 矩阵 $\boldsymbol{A}$ 的第 i 行加上第 j 行的 λ 倍（$\vec{r}_i \to \vec{r}_i + \lambda\vec{r}_j$）后得到的矩阵等于 $\boldsymbol{E}_{ij}^3(\lambda) \cdot A$。

注记 5.5.2　类似地，矩阵的初等列变换与初等矩阵的关系如下：

C1. 矩阵 $\boldsymbol{A}$ 的第 i 列和第 j 列互换（$\vec{c}_i \leftrightarrow \vec{c}_j$）后得到的矩阵等于 $\boldsymbol{A} \cdot \boldsymbol{E}_{ij}^1$。

C2. 矩阵 $\boldsymbol{A}$ 的第 i 列乘上一个非零数 λ（$\vec{c}_i \to \lambda\vec{c}_i$）后得到的矩阵等于 $\boldsymbol{A} \cdot \boldsymbol{E}_i^2(\lambda)$。

C3. 矩阵 $\boldsymbol{A}$ 的第 j 列加上第 i 列的 λ 倍（$\vec{c}_j \to \vec{c}_j + \lambda\vec{c}_i$）后得到的矩阵等于 $\boldsymbol{A} \cdot \boldsymbol{E}_{ij}^3(\lambda)$。

命题 5.5.1　(1) *初等矩阵都是可逆矩阵；*

(2) *任一可逆矩阵 $\boldsymbol{A}$ 都是若干个初等矩阵的乘积。*

证明　(1) 注意到 $(\boldsymbol{E}_{ij}^1)^{-1} = E_{ij}^1$，$[\boldsymbol{E}_i^2(\lambda)]^{-1} = \boldsymbol{E}_i^2(\lambda^{-1})$，$[\boldsymbol{E}_{ij}^3(\lambda)]^{-1} = \boldsymbol{E}_{ij}^3(-\lambda)$。

(2) 可逆矩阵 $\boldsymbol{A}$ 可通过若干次的初等变换变为单位矩阵，这个事实可通过定理 5.2.1 证明。若通过初等行变换将矩阵化成行阶梯形矩阵，则该矩阵必为上三角矩阵且对角线上的元素都非零。因此，矩阵 $\boldsymbol{A}$ 的行最简形式必为单位矩阵（否则该矩阵不可逆，矛盾）。

每一次初等变换均对应于一个初等矩阵，且均为可逆矩阵，由此我们得到

$$\boldsymbol{A} = \boldsymbol{E}_1 \cdots \boldsymbol{E}_s$$

其中 $\boldsymbol{E}_i$ 都是初等矩阵。 □

推论 5.5.1　*$\boldsymbol{A}$ 为可逆矩阵当且仅当 $\boldsymbol{A}$ 为满秩矩阵。*

证明　充分性。$\boldsymbol{A}$ 为可逆矩阵，由命题 5.5.1 可知，$\boldsymbol{A}$ 可以通过初等行变换化为单位矩阵。进一步，由初等行变换不会改变矩阵的秩可知，$\boldsymbol{A}$ 必为满秩矩阵。

必要性。反之，若 $\boldsymbol{A}$ 为满秩矩阵，则经过初等行变换，$\boldsymbol{A}$ 化成的最简形式一定是单位矩阵（否则 $\boldsymbol{A}$ 不满秩）。考虑到初等行变换和初等矩阵之间的关系，不难知道 $\boldsymbol{A}$ 是可逆矩阵。 □

例子 5.5.1 我们来求矩阵

$$A=\begin{pmatrix}1&1&2\\1&2&4\\1&2&6\end{pmatrix}$$

的逆矩阵, 过程如下:

$$\begin{pmatrix}1&1&2\\1&2&4\\1&2&6\end{pmatrix} \qquad \vec{r}_2\to\vec{r}_2-\vec{r}_1,\vec{r}_3\to\vec{r}_3-\vec{r}_1 \qquad \begin{pmatrix}1&0&0\\0&1&0\\0&0&1\end{pmatrix}$$

$$\downarrow \qquad\qquad\qquad\qquad \downarrow$$

$$\begin{pmatrix}1&1&2\\0&1&2\\0&1&4\end{pmatrix} \qquad \vec{r}_3\to\vec{r}_3-\vec{r}_2 \qquad \begin{pmatrix}1&0&0\\-1&1&0\\-1&0&1\end{pmatrix}$$

$$\downarrow \qquad\qquad\qquad\qquad \downarrow$$

$$\begin{pmatrix}1&1&2\\0&1&2\\0&0&2\end{pmatrix} \qquad \vec{r}_3\to\frac{1}{2}\cdot\vec{r}_3 \qquad \begin{pmatrix}1&0&0\\-1&1&0\\0&-1&1\end{pmatrix}$$

$$\downarrow \qquad\qquad\qquad\qquad \downarrow$$

$$\begin{pmatrix}1&1&2\\0&1&2\\0&0&1\end{pmatrix} \qquad \vec{r}_2\to\vec{r}_2-2\vec{r}_3,\vec{r}_1\to\vec{r}_1-2\vec{r}_3 \qquad \begin{pmatrix}1&0&0\\-1&1&0\\0&-\frac{1}{2}&\frac{1}{2}\end{pmatrix}$$

$$\downarrow \qquad\qquad\qquad\qquad \downarrow$$

$$\begin{pmatrix}1&1&0\\0&1&0\\0&0&1\end{pmatrix} \qquad \vec{r}_1\to\vec{r}_1-\vec{r}_2 \qquad \begin{pmatrix}1&1&-1\\-1&2&-1\\0&-\frac{1}{2}&\frac{1}{2}\end{pmatrix}$$

$$\downarrow \qquad\qquad\qquad\qquad \downarrow$$

$$\begin{pmatrix}1&0&0\\0&1&0\\0&0&1\end{pmatrix} \qquad\qquad\qquad\qquad \begin{pmatrix}2&-1&0\\-1&2&-1\\0&-\frac{1}{2}&\frac{1}{2}\end{pmatrix}$$

左边的流程展示了利用初等行变换将矩阵 $\boldsymbol{A}$ 化为单位矩阵的过程，而右边的流程则展示了从单位矩阵出发通过同步初等行变换得到 $\boldsymbol{A}^{-1}$ 矩阵的过程。这就是计算逆矩阵的初等变换法。

5.6 线性方程组的解

回顾第 2 章所提到的求解多元线性方程组的问题。我们在这一节需要假设 $\mathbb{F}$ 无穷，这包括通常的 $\mathbb{Q},\mathbb{R},\mathbb{C}$。考虑一般多元线性方程组的矩阵形式 $\boldsymbol{A}\vec{x}=\vec{b}$，其中 $\boldsymbol{A}$ 是 $m\times n$ 的系数在 $\mathbb{F}$ 上的矩阵，$\vec{x}$ 是包含 n 个待求未知变量的列向量，$\vec{b}$ 是 $m\times 1$ 的列向量。

定理 5.6.1 线性方程组 $\boldsymbol{A}\vec{x}=\vec{b}$ 在数域 $\mathbb{F}$ 上有解当且仅当系数矩阵 $\boldsymbol{A}$ 与增广矩阵 $(\boldsymbol{A}|\vec{b})$ 具有相同的秩。

证明 考虑矩阵 $\boldsymbol{A}$ 的 n 个列向量 $\vec{c}_1,\cdots,\vec{c}_n$。根据矩阵乘法运算，有 $\boldsymbol{A}\vec{x}=x_1\vec{c}_1+\cdots+x_n\vec{c}_n=\vec{b}$。这说明该线性方程组有解当且仅当向量 $\vec{b}$ 是列向量组 $\vec{c}_1,\cdots,\vec{c}_n$ 的一个线性组合，即 $\vec{b}\in\mathrm{Span}\{\vec{c}_1,\cdots,\vec{c}_n\}$。这等价于系数矩阵 $\boldsymbol{A}$ 与增广矩阵 $(\boldsymbol{A}|\vec{b})$ 有相同的列秩。 □

如果线性方程组有解，我们可以更细致地讨论线性方程组解的信息。

定理 5.6.2 假设方程组 $\boldsymbol{A}\vec{x}=\vec{b}$ 在 $\mathbb{F}$ 上有解。

(1) 若系数矩阵 $\boldsymbol{A}$ 的秩等于未知变量的个数 n，则方程组的解唯一；

(2) 若系数矩阵 $\boldsymbol{A}$ 的秩小于未知变量的个数 n，则方程组的解有无穷多个。

证明 (1) 若系数矩阵 $\boldsymbol{A}$ 的秩等于未知变量的个数 n, 则矩阵 $\boldsymbol{A}$ 的列向量组 $\vec{c}_1,\cdots,\vec{c}_n$ 线性无关。由定理 3.3.1 知，解若存在，即 $\vec{b}$ 可以由 $\vec{c}_1,\cdots,\vec{c}_n$ 线性表出，必唯一。

(2) 若系数矩阵 $\boldsymbol{A}$ 的秩小于未知变量的个数 n，则矩阵 $\boldsymbol{A}$ 的列向量组 $\vec{c}_1,\cdots,\vec{c}_n$ 线性相关，故该向量组的典范组所含向量的个数小于 n。这说明在得到典范组的过程中至少有一个列向量 $\vec{c}_k$ 被删除。解若存在，$\vec{b}$ 可以由典范组唯一地线性表出，而其在 $\vec{c}_k$ 上的系数可以在 $\mathbb{F}$ 中任意选取。因为 $\mathbb{F}$ 无穷，故解有无穷多个。 □

特别地，若 $\vec{b}=\vec{0}$，则方程组 $A\vec{x}=\vec{0}$ 称为**齐次线性方程组**。注意，$\vec{x}=\vec{0}$ 总是齐次方程组的一个特解。当列向量 $\vec{c}_1,\cdots,\vec{c}_n$ 线性无关时，$\vec{x}=\vec{0}$ 是方程组的唯一解；反之，若列向量 $\vec{c}_1,\cdots,\vec{c}_n$ 线性相关，则可以找到无穷多非零的解。因此, 齐次方程组一定有解，且解的个数或者唯一（零解），或者有无穷多个 (非零解)；而非齐次方程组解的个数则可能为零个（无解）、一个（唯一解）或者无穷多个。

如果已知线性方程组有解，那么我们是否有可能把所有解都写出来呢？这就涉及线性方程组解集结构的刻画。首先讨论齐次线性方程组。很容易检验，齐次线性方程组的任意两个解的和还是该方程组的解，而其任意一个解的常数倍也是该方程组的解。这个事实说明，给定 n 元齐次方程组的所有解作为集合，在向量加法和数乘下构成 n 维线性空间 $\mathbb{F}^n$ 的一个子空间，称其为齐次方程组的**解空间**。

定义 5.6.1 齐次线性方程组解空间中的一组基，称为该方程组的一个**基础解系**。特别地，若该方程组只有零解，则其解空间为零维子空间；若该方程组有非零解，

则齐次线性方程组的通解可以表示为

$$k_1\vec{\eta}_1+\cdots+k_m\vec{\eta}_m,\ k_1,\cdots,k_m\in\mathbb{F}$$

其中 $\{\vec{\eta}_1,\cdots,\vec{\eta}_m\}$ 为该方程组的任一基础解系。

而对于非齐次线性方程组 $\boldsymbol{A}\vec{x}=\vec{b}$，同样不难验证它的任意两个解的差一定满足相应的齐次线性方程组（$\boldsymbol{A}\vec{x}=\vec{0}$）。这个结果说明，非齐次线性方程组的通解可以通过它的一个特解再加上相应齐次线性方程组的通解来得到，也即

$$\vec{\gamma}_0+k_1\vec{\eta}_1+\cdots+k_m\vec{\eta}_m,\ k_1,\cdots,k_m\in\mathbb{F}$$

其中 $\boldsymbol{A}\vec{\gamma}_0=\vec{b}$，而 $\{\vec{\eta}_1,\cdots,\vec{\eta}_m\}$ 为齐次线性方程组的任一基础解系。

在本节的最后，我们来讨论齐次线性方程组解空间维数的问题。

定理 5.6.3 n 元齐次线性方程组 $\boldsymbol{A}\vec{x}=\vec{0}$ 的解空间 W 的维数与系数矩阵 $\boldsymbol{A}$ 的秩之和等于未知变元个数 n，即

$$\dim(W)+\operatorname{rank}(A)=n$$

证明 注意到有限维线性空间上线性映射与矩阵之间的同构关系，本定理实际上就是线性映射的秩–零化度定理。 □

例子 5.6.1 假设线性方程组 $\boldsymbol{A}\vec{x}=\vec{b}$ 的系数矩阵 $\boldsymbol{A}$ 是 $n\times n$ 可逆矩阵，则方程组必有唯一解。我们可以通过求 $\boldsymbol{A}$ 的逆来求解该方程组，即

$$\vec{x}=\boldsymbol{A}^{-1}\boldsymbol{A}\vec{x}=\boldsymbol{A}^{-1}\vec{b}$$

例子 5.6.2 求以下线性方程组的解：

$$\begin{cases}x_2+x_4=6\\x_1+2x_3+x_4=3\\-x_4=-2\\2x_1+x_2+4x_3+2x_4=10\end{cases}$$

解 写出该线性方程组的增广矩阵

$$(\boldsymbol{A}\mid\vec{b})=\left(\begin{array}{cccc|c}0&1&0&1&6\\1&0&2&1&3\\0&0&0&-1&-2\\2&1&4&2&10\end{array}\right)$$

该矩阵恰好就是例子 5.2.4 中的矩阵。经过例子 5.2.4 中的初等行变换，我们得到增广矩阵的行最简形式

$$\left(\begin{array}{cccc|c}1&0&2&0&1\\0&1&0&0&4\\0&0&0&1&2\\0&0&0&0&0\end{array}\right)$$

从行最简形式可以得出，系数矩阵 $\boldsymbol{A}$ 和增广矩阵的行秩都是 3。故该线性方程组有解。而矩阵 $\boldsymbol{A}$ 的秩小于未知量的个数 4，这说明该方程组有无穷多组解。现在考虑矩阵 $\boldsymbol{A}$ 的齐次线性方程组所对应的增广矩阵

$$\left(\begin{array}{cccc|c} 1 & 0 & 2 & 0 & 0 \\ 0 & 1 & 0 & 0 & 0 \\ 0 & 0 & 0 & 1 & 0 \\ 0 & 0 & 0 & 0 & 0 \end{array}\right)$$

由定理 5.6.3 知，该齐次线性方程组的解空间 W 是 $\mathbb{F}^4$ 中维数为 1 的子空间，可以由向量 $\vec{\eta}=(-2,0,1,0)$（基础解系）所张成，即 $W=\{k\vec{\eta}\mid k\in\mathbb{F}\}$。最后，我们可以通过行最简形式找到原线性方程组 $\boldsymbol{A}\vec{x}=\vec{b}$ 的一个特解 $\vec{\gamma}=(-1,4,1,2)$。故原线性方程组的解的集合为 $\{\vec{\gamma}+k\vec{\eta}\mid k\in\mathbb{F}\}$。

5.7 拓展应用：函数线性相关性 *

首先我们来看一个有限维线性空间的例子——多项式函数。

例子 5.7.1 考虑 $\mathbb{R}$ 上 $n-1$ 次多项式构成的线性空间 P_n，选取其中 m ($m\leqslant n$) 个多项式 $p_1,p_2,\cdots,p_m\in P_n$，那么 $p_1,p_2,\cdots,p_m$ 线性无关等价于对于任意满足 $\alpha_1p_1+\cdots+\alpha_mp_m=0$ 的实数，总有 $\alpha_1=\cdots=\alpha_m=0$。我们可以把这一结果写得更具体些。不失一般性，设 $p_i=c_{i1}+c_{i2}x+\cdots+c_{in}x^{n-1}$，$1\leqslant i\leqslant m$。因为 $0=\alpha_1p_1+\cdots+\alpha_mp_m=(\alpha_1c_{11}+\cdots+\alpha_mc_{m1})+(\alpha_1c_{12}+\cdots+\alpha_mc_{m2})x+\cdots+(\alpha_1c_{1n}+\cdots+\alpha_mc_{mn})x^{n-1}$，且 P_n 中零元素为 $0+0x+\cdots+0x^{n-1}$ 的形式，所以 $p_1,p_2,\cdots,p_m$ 线性无关当且仅当齐次线性方程组

$$\begin{cases} c_{11}\alpha_1+c_{21}\alpha_2+\cdots+c_{m1}\alpha_m=0 \\ c_{12}\alpha_1+c_{22}\alpha_2+\cdots+c_{m2}\alpha_m=0 \\ \qquad\qquad\cdots\cdots \\ c_{1n}\alpha_1+c_{2n}\alpha_2+\cdots+c_{mn}\alpha_m=0 \end{cases}$$

有唯一零解 ($\alpha_1=\cdots=\alpha_m=0$)。这样我们就把关于多项式函数是否线性无关的问题转化为关于它的系数矩阵 $[c_{ij}]$ 所构成的齐次线性方程组是否有唯一零解的已知问题。

命题 5.7.1 考虑 $\mathbb{R}$ 上 $n-1$ 次多项式构成的线性空间 P_n。很容易证明 $1,x,x^2,\cdots,x^{n-1}$ 线性无关且张成 P_n，因此它是 P_n 的一组基，且有 $\dim(P_n)=n$。我们也可以选择其他基，如 $1,x-1,x^2-1,\cdots,x^{n-1}-1$。不难证明，每一个新的基在 $1,x,x^2,\cdots,x^{n-1}$ 下都有唯一的线性表示。

根据第 5.6 节中的定义，如果一个线性空间的基由无穷多个向量组成，那么这个线性空间就是无限维的。下面我们介绍一个无限维线性空间的具体例子。

例子 5.7.2 考虑 $[a,b]\subseteq\mathbb{R}$ 上全体实值连续函数构成的集合，$C([a,b])=\{f:[a,b]\to\mathbb{R}|f$ 连续 $\}$。在函数加法 $(f+g)(x)=f(x)+g(x)$，$\forall x\in[a,b]$，$\forall f,g\in C$ 和数乘 $(\alpha\cdot f)(x)=\alpha\cdot f(x)$，$\forall x\in[a,b]$，$\forall\alpha\in\mathbb{R}$，$\forall f\in C$ 运算下，它构成一个线性空间。此外，不难验证 $[a,b]$ 上全体 n 阶（$n\geqslant 1$）可导函数 $C^n[a,b]$ 构成了 $C[a,b]$ 的一个真子空间。

最后一个例子，我们来讨论一个相对比较复杂的关于可导函数线性相关性的刻画。

例子 5.7.3 给定 $[a,b]$ 区间上 $n-1$ 阶可导函数所构成的线性空间 $C^{n-1}[a,b]$。下面考虑 $C^{n-1}[a,b]$ 中 m $(m\leqslant n)$ 个函数 $f_1(x),f_2(x),\cdots,f_m(x)$ 是否线性相关。根据线性相关性的定义，我们同样需要研究方程 $\alpha_1 f_1(x)+\cdots+\alpha_n f(x)=0$ 的解。不难证明线性空间 $C^{n-1}[a,b]$ 的零向量为常值函数 $f(x)=0$。一个直观的想法是取定 m 个特殊值 $x_1,x_2,\cdots,x_m\in[a,b]$，带入求解出 $\alpha_1,\cdots,\alpha_m$。如果 $\alpha_1=\cdots=\alpha_m=0$，我们当然可以确定这 m 个函数线性无关。然而，如果有非零解，我们不能马上得到这些函数线性相关的结论，这主要是因为上述方程需要对于 $\forall x\in[a,b]$ 都成立，而不仅是我们取定的若干个特殊值。

那么，我们该如何严格判断 $f_1(x),f_2(x),\cdots,f_m(x)$ 是否线性相关呢?注意到 $f_1(x)$，$f_2(x),\cdots,f_m(x)$ 都是 $n-1$ 阶可导函数，因此我们可以对方程两端逐次求导。

$$\begin{cases}f_1(x)\alpha_1+f_2(x)\alpha_2+\cdots+f_m(x)\alpha_m=0\\ f_1^{(1)}(x)\alpha_1+f_2^{(1)}(x)\alpha_2+\cdots+f_m^{(1)}(x)\alpha_m=0\\ \qquad\qquad\cdots\cdots\\ f_1^{(m-1)}(x)\alpha_1+f_2^{(m-1)}(x)\alpha_2+\cdots+f_m^{(m-1)}(x)\alpha_m=0\end{cases}$$

其中 $f_i^{(j)}(x)$ 表示 $f_i(x)$ 函数的 j 阶导函数。这样通过 $m-1$ 次求导，我们将可导函数的线性相关性问题转化为等价的关于上述齐次线性方程组非零解的存在性的讨论。

5.8 练习

练习 5.8.1 求下列矩阵的行最简形式、标准形式，以及秩。

(1) $\begin{pmatrix}1&2\\2&0\\3&1\\1&0\end{pmatrix}$;

(2) $\begin{pmatrix}1&2&3&4\\5&6&7&8\\9&10&11&12\end{pmatrix}$;

(3) $\begin{pmatrix} 1 & 3 & 5 & 1 & 0 \\ 2 & 0 & 6 & 0 & 1 \\ 0 & 1 & 7 & 2 & 0 \\ 0 & 1 & 0 & 0 & 1 \end{pmatrix}$。

练习 5.8.2 证明 n 元齐次方程组的所有解在向量加法和数乘下构成 n 维线性空间的一个子空间。

练习 5.8.3 设 $\boldsymbol{A}$ 是 n 阶的可逆矩阵。证明 $\mathbb{F}^n$ 中的向量 $\vec{x}_1, \cdots, \vec{x}_s$ 线性无关当且仅当 $\boldsymbol{A}\vec{x}_1, \cdots, \boldsymbol{A}\vec{x}_s$ 线性无关。

练习 5.8.4 已知 $\mathbb{R}^3$ 中的向量 $\vec{x}_1 = (1, a-b, 1), \vec{x}_2 = (a, 1, b)$ 线性相关，求 a, b 的取值范围。

练习 5.8.5 请说明矩阵的初等列变换与初等矩阵的关系。(提示：考虑右乘初等矩阵。)

练习 5.8.6 若矩阵 $\boldsymbol{A}$ 满足 $2\boldsymbol{A}^4 - 5\boldsymbol{A}^2 + 4\boldsymbol{A} - \boldsymbol{I} = 0$，证明 $\boldsymbol{A}$ 可逆，并求 $\boldsymbol{A}^{-1}$。

练习 5.8.7 若 k 个矩阵 $\boldsymbol{A}$ 的连乘等于零矩阵，证明 $\boldsymbol{I}-\boldsymbol{A}$ 可逆，并求 $(\boldsymbol{I}-\boldsymbol{A})^{-1}$。

练习 5.8.8 求下列矩阵的逆矩阵。

(1) $\begin{pmatrix} 1 & 3 \\ 0 & 1 \end{pmatrix}$；

(2) $\begin{pmatrix} 3 & 1 & 1 \\ 1 & 3 & 1 \\ 1 & 1 & 3 \end{pmatrix}$；

(3) $\begin{pmatrix} 1 & 2 & 3 \\ 0 & 1 & 2 \\ 0 & 0 & 1 \end{pmatrix}$；

(4) $\begin{pmatrix} 1 & 1 & 1 & 1 \\ 0 & 1 & 1 & 1 \\ 0 & 0 & 1 & 1 \\ 0 & 0 & 0 & 1 \end{pmatrix}$。

练习 5.8.9 是否存在实数 $a \in \mathbb{R}$，使得

$$\begin{pmatrix} 1 & 2a \\ 2 & 3a \end{pmatrix}, \begin{pmatrix} 1 & 2 \\ 2a & 3 \end{pmatrix}, \begin{pmatrix} 1 & a+1 \\ 2 & 2a+1 \end{pmatrix}, \begin{pmatrix} 1 & 2a \\ a+1 & a+2 \end{pmatrix}$$

构成 $M_{4\times 4}(\mathbb{R})$ 的一组基？若存在，请求出所有可能的 a；若不存在，请说明理由。

练习 5.8.10 在 $\mathbb{R}$ 上求出如下非齐次线性方程组的所有解。

$$\begin{cases} x_1+2x_2+3x_3+4x_4=4 \\ 2x_1+x_2+2x_3+3x_4=3 \\ 3x_1+2x_2+x_3+2x_4=1 \\ 4x_1+3x_2+2x_3+x_4=2 \end{cases}$$

练习 5.8.11 把实矩阵 $\begin{pmatrix} 1 & 3 \\ 3 & 3 \end{pmatrix}$ 写成初等矩阵的乘积。

练习 5.8.12 设

$$\boldsymbol{A}=\begin{pmatrix} 0 & 1 & 0 & 0 & 0 \\ 0 & 0 & 1 & 0 & 0 \\ 0 & 0 & 0 & 1 & 0 \\ 0 & 0 & 0 & 0 & 1 \\ 0 & 0 & 0 & 0 & 0 \end{pmatrix}$$

试求 $\boldsymbol{A}^n$ 和 $\operatorname{rank}(\boldsymbol{A}^n)$。

练习 5.8.13 是否存在一个 2×2 的复矩阵 $\boldsymbol{A}$，满足 $\boldsymbol{A}^4=\boldsymbol{I}_2$，但 $\boldsymbol{A}^3\neq\boldsymbol{I}_2$？是否存在满足这样条件的 4×4 的实矩阵？

练习 5.8.14 证明可逆上三角阵的乘积依然是可逆上三角阵。

练习 5.8.15 证明可逆上三角阵的逆矩阵依然是可逆上三角阵。

练习 5.8.16 设 $\boldsymbol{A}$ 是 $m\times n$ 的矩阵。证明存在 n 阶可逆阵 $\boldsymbol{P}$，使得 $\boldsymbol{AP}$ 是下三角阵。

练习 5.8.17 若 n 阶矩阵 $\boldsymbol{A}$ 和 $\boldsymbol{B}$ 均可逆。证明 $\boldsymbol{AB}$ 也可逆，且 $(\boldsymbol{AB})^{-1}=\boldsymbol{B}^{-1}\boldsymbol{A}^{-1}$。

练习 5.8.18 已知 $f:V\to W$ 是线性映射。假设存在 V 和 W 的基使得 $f:V\to W$ 所对应的矩阵是可逆矩阵。证明 $V\cong W$。

练习 5.8.19 已知非齐次线性方程组

$$\begin{cases} x_1+x_2+x_3+x_4=-1 \\ 4x_1+3x_2+5x_3-x_4=-1 \\ ax_1+x_2+3x_3+bx_4=1 \end{cases}$$

有 3 个线性无关的解。

(1) 证明该方程的系数矩阵 $\boldsymbol{A}$ 的秩 $\operatorname{rank}(\boldsymbol{A})=2$；

(2) 求 a,b 的值及方程组的通解。

练习 5.8.20 已知齐次线性方程组

$$\begin{cases} a_{11}x_1+\cdots+a_{1,2n}x_{2n}=0 \\ a_{21}x_1+\cdots+a_{2,2n}x_{2n}=0 \\ \cdots\cdots \\ a_{n1}x_1+\cdots+a_{n,2n}x_{2n}=0 \end{cases}$$

的一个基础解系是 $(b_{11},\cdots,b_{1,2n})^{\mathrm{T}},\cdots,(b_{n,1},\cdots,b_{n,2n})^{\mathrm{T}}$。请写出方程组

$$\begin{cases} b_{11}y_1+\cdots+b_{1,2n}y_{2n}=0 \\ b_{21}y_1+\cdots+b_{2,2n}y_{2n}=0 \\ \cdots\cdots \\ b_{n1}y_1+\cdots+b_{n,2n}y_{2n}=0 \end{cases}$$

的通解，并说明理由。

6 行列式与伴随矩阵

6.1 行列式递归定义

行列式有若干种等价定义方法，这里我们首先介绍基于余子式的递归定义。

定义 6.1.1 给定 $n \times n$ 矩阵 $\boldsymbol{A}$，去掉第 i 行和第 j 列所有元素后所剩余的 $(n-1) \times (n-1)$ 的矩阵，称为矩阵 $\boldsymbol{A}$ 的 $n-1$ 阶子矩阵，记作 $\tilde{\boldsymbol{A}}_{ij}$。

例子 6.1.1 考虑 3×3 矩阵 $\boldsymbol{A} = [a_{ij}]_{3\times3}$，则其所有 2 阶子矩阵如下：

$$\tilde{\boldsymbol{A}}_{11} = \begin{pmatrix} a_{22} & a_{23} \\ a_{32} & a_{33} \end{pmatrix}, \tilde{\boldsymbol{A}}_{12} = \begin{pmatrix} a_{21} & a_{23} \\ a_{31} & a_{33} \end{pmatrix}, \tilde{\boldsymbol{A}}_{13} = \begin{pmatrix} a_{21} & a_{22} \\ a_{31} & a_{32} \end{pmatrix}$$

$$\tilde{\boldsymbol{A}}_{21} = \begin{pmatrix} a_{12} & a_{13} \\ a_{32} & a_{33} \end{pmatrix}, \tilde{\boldsymbol{A}}_{22} = \begin{pmatrix} a_{11} & a_{13} \\ a_{31} & a_{33} \end{pmatrix}, \tilde{\boldsymbol{A}}_{23} = \begin{pmatrix} a_{11} & a_{12} \\ a_{31} & a_{32} \end{pmatrix}$$

$$\tilde{\boldsymbol{A}}_{31} = \begin{pmatrix} a_{12} & a_{13} \\ a_{22} & a_{23} \end{pmatrix}, \tilde{\boldsymbol{A}}_{32} = \begin{pmatrix} a_{11} & a_{13} \\ a_{21} & a_{23} \end{pmatrix}, \tilde{\boldsymbol{A}}_{33} = \begin{pmatrix} a_{11} & a_{12} \\ a_{21} & a_{22} \end{pmatrix}$$

根据上述定义，很显然子矩阵的操作可以一直继续下去，即我们可以进一步讨论新矩阵 $\tilde{\boldsymbol{A}}_{ij}$ 的子矩阵，直到该矩阵只包含一个元素为止。

例子 6.1.2 考虑 2×2 矩阵 $\boldsymbol{A} = [a_{ij}]_{2\times2}$，则 $\tilde{\boldsymbol{A}}_{11} = [a_{22}], \tilde{\boldsymbol{A}}_{12} = [a_{21}], \tilde{\boldsymbol{A}}_{21} = [a_{12}]$, $\tilde{\boldsymbol{A}}_{22} = [a_{11}]$。

定义 6.1.2 n 阶方阵 $\boldsymbol{A}$ 的**行列式**可以通过迭代方式定义：

$$\det(\boldsymbol{A}) = |\boldsymbol{A}| = \begin{cases} a_{11}, & n = 1 \\ \sum\limits_{i=1}^{n} a_{1i}|\tilde{\boldsymbol{A}}_{1i}|^*, & n \geqslant 2 \end{cases}$$

其中，$\tilde{\boldsymbol{A}}_{1i}$ 为矩阵 $\boldsymbol{A}$ 去掉第 1 行和第 i 列后的 $n-1$ 阶子矩阵；$|\tilde{\boldsymbol{A}}_{1i}|^* := (-1)^{1+i}|\tilde{\boldsymbol{A}}_{1i}|$，$|\tilde{\boldsymbol{A}}_{1i}|$ 表示 $n-1$ 阶子矩阵的行列式，称为矩阵 $\boldsymbol{A}$ 的**余子式**。此外，$|\tilde{\boldsymbol{A}}_{1i}|^* = (-1)^{1+i}|\tilde{\boldsymbol{A}}_{1i}|$ 通常被称为矩阵 $\boldsymbol{A}$ 的**代数余子式**。

注记 6.1.1 在定义 6.1.2 中，我们可以将一个 $n \times n$ 矩阵的行列式的计算问题转化为它的 $n-1$ 阶子矩阵的行列式（余子式）的计算，从而通过递归方法直到将待求矩阵降低为 1×1 矩阵，而它的行列式是已知的。这种说法虽然有些抽象，却是可以具体操作执行的。

读者可先尝试从 $n = 2, 3$ 出发来理解行列式的定义。

例子 6.1.3 考虑 2×2 矩阵 $\boldsymbol{A} = [a_{ij}]_{2\times2}$，则 $\det(\boldsymbol{A}) = a_{11}a_{22} - a_{12}a_{21}$。

例子 6.1.4 考虑 3×3 矩阵 $\boldsymbol{A}=[a_{ij}]_{3\times 3}$，则 $\det(\boldsymbol{A})=a_{11}|\tilde{\boldsymbol{A}}_{11}|-a_{12}|\tilde{\boldsymbol{A}}_{12}|+a_{13}|\tilde{\boldsymbol{A}}_{13}|=a_{11}(a_{22}a_{33}-a_{23}a_{32})-a_{12}(a_{21}a_{33}-a_{23}a_{31})+a_{13}(a_{21}a_{32}-a_{22}a_{31})$。

定理 6.1.1 $n\times n$ 矩阵 $\boldsymbol{A}$ 的行列式可以表示为对 $\boldsymbol{A}$ 的任意行（或列）中元素的余子式的展开，即对于任意的 $1\leqslant i\leqslant n$，$1\leqslant j\leqslant n$，有

$$\det(\boldsymbol{A})=\sum_{k=1}^{n}(-1)^{i+k}a_{ik}|\tilde{\boldsymbol{A}}_{ik}|=\sum_{k=1}^{n}(-1)^{k+j}a_{kj}|\tilde{\boldsymbol{A}}_{kj}|$$

证明 令 $\tilde{\tilde{\boldsymbol{A}}}_{ij,kl}$ 为矩阵 $\boldsymbol{A}$ 去掉第 i 行和第 j 列后，再去掉第 k 行和第 l 列的 $n-2$ 阶子矩阵。下面我们利用归纳法完成证明。

首先容易验证，当 $n=2$ 时命题成立。下面假设 $n=m-1$ 时命题成立，则当 $n=m$ 时，有

$$\begin{aligned}\det(\boldsymbol{A})&=\sum_{j=1}^{n}(-1)^{1+j}a_{1j}|\tilde{\boldsymbol{A}}_{1j}|\\&=\sum_{j=1}^{n}(-1)^{1+j}a_{1j}\left(\sum_{k=1,k\neq j,i\neq 1}^{n}(-1)^{i+k}a_{ik}|\tilde{\tilde{\boldsymbol{A}}}_{1j,ik}|\right)\\&=\sum_{k=1,i\neq 1}^{n}(-1)^{i+k}a_{ik}\left(\sum_{j=1,j\neq k}^{n}(-1)^{1+j}a_{1j}|\tilde{\tilde{\boldsymbol{A}}}_{ik,1j}|\right)\\&=\sum_{k=1}^{n}(-1)^{i+k}a_{ik}|\tilde{\boldsymbol{A}}_{ik}|\end{aligned}$$

这说明对 $\boldsymbol{A}$ 的任意行展开都能得到相同的行列式。类似地，可以证明上述命题对于 $\boldsymbol{A}$ 的列展开也是成立的。 □

6.2 行列式性质

命题 6.2.1 在数域 $\mathbb{F}$ 上，行列式满足如下性质：

(1) 单位矩阵的行列式等于 1，即 $\det(\boldsymbol{I})=1$；

(2) 交换矩阵 $\boldsymbol{A}$ 的任意两个行(或列)向量，行列式取值相反，即 $\det(\vec{a}_1,\cdots,\vec{a}_i,\cdots,\vec{a}_j,\cdots,\vec{a}_n)=-\det(\vec{a}_1,\cdots,\vec{a}_j,\cdots,\vec{a}_i,\cdots,\vec{a}_n)$；

(3) 矩阵 $\boldsymbol{A}$ 的行列式对它的任一行(或列)向量满足线性性质，即 $\det(\vec{a}_1,\cdots,\beta\vec{a}_i+\gamma\vec{x},\cdots,\vec{a}_n)=\beta\det(\vec{a}_1,\cdots,\vec{a}_i,\cdots,\vec{a}_n)+\gamma\det(\vec{a}_1,\cdots,\vec{x},\cdots,\vec{a}_n)$，其中，$\beta,\gamma\in\mathbb{F}$，$\vec{x}$ 为任意与 $\vec{a}_i$ 等长的行（或列）向量；

(4) 若矩阵 $\boldsymbol{A}$ 有两行（或列）相等，则 $\det(\boldsymbol{A})=0$；

(5) 矩阵 $\boldsymbol{A}$ 的第 i 行减去常数倍的第 j 行，行列式值不变；

(6) 若矩阵 A 的某行（或列）全为零，则 $\det(\boldsymbol{A})=0$；

(7) 若矩阵 $\boldsymbol{A}$ 为上（或下）三角矩阵，则其行列式等于主对角线元素的乘积，即 $\det(\boldsymbol{A})=\prod\limits_{i=1}^{n}a_{ii}$；

(8) $\det(\boldsymbol{A}^{\mathrm{T}})=\det(\boldsymbol{A})$；

(9) $\det(\boldsymbol{A})\neq 0$ 当且仅当矩阵 $\boldsymbol{A}$ 可逆；

(10) $\det(\boldsymbol{AB})=\det(\boldsymbol{A})\det(\boldsymbol{B})$。

证明　（1）利用行列式余子式定义，并注意到 $\det(\boldsymbol{I}_n)=\det(\boldsymbol{I}_{n-1})$，得证。

（2）归纳法。给定矩阵 $\boldsymbol{A}=[a_{ij}]_{n\times n}$，记交换它的第 i 个和第 j $(j\neq i)$ 个行向量后的矩阵为 $\boldsymbol{B}$。当 $n=2$，$\det(\boldsymbol{B})=a_{21}a_{12}-a_{11}a_{22}=-\det(\boldsymbol{A})$。假设 $n=m-1$ 时，命题成立。当 $n=m$ 时，由于 $m>2$，故可以选择矩阵 $\boldsymbol{B}$ 的第 k 行（$k\neq i$ 且 $k\neq j$）展开，$\det(\boldsymbol{B})=\sum\limits_{q=1}^{n}(-1)^{k+q}a_{kq}\det(\tilde{\boldsymbol{B}}_{kq})=-\sum\limits_{q=1}^{n}(-1)^{k+q}a_{kq}\det(\tilde{\boldsymbol{A}}_{kq})=-\det(\boldsymbol{A})$，证毕。

（3）围绕矩阵的第 i 个行向量展开即可。

（4）由行列式性质 (2) 可得。

（5）由行列式性质 (2) 和 (4) 可得。

（6）围绕矩阵的全零行/列向量展开即可。

（7）归纳法。设 $\boldsymbol{A}$ 为上三角矩阵，围绕 $\boldsymbol{A}$ 的第一列展开即可。

（8）分别围绕矩阵 $\boldsymbol{A}$ 的第一个行向量和矩阵 $\boldsymbol{A}^{\mathrm{T}}$ 的第一个列向量展开即可。

（9）若矩阵 $\boldsymbol{A}$ 不满秩，则矩阵 $\boldsymbol{A}$ 中必有至少一个行向量可以通过其他行向量线性表出。因此可以通过初等行变换，将此行向量消成零向量。结合行列式性质 (2) 至 (5), 矩阵 $\boldsymbol{A}$ 的行列式为零。反之，若矩阵 $\boldsymbol{A}$ 满秩，则在初等行变换下此矩阵所化成的最简形矩阵一定是单位矩阵（否则矩阵 $\boldsymbol{A}$ 不满秩）。单位矩阵的行列式不为零，且初等行变换也不会将一个矩阵的行列式从非零值变为零，这说明满秩矩阵的行列式一定不为零。证毕。

（10）若 $\det(\boldsymbol{B})=0$，由行列式性质 (9) 可知，$\boldsymbol{B}$ 为不可逆矩阵，推出 $\boldsymbol{AB}$ 也为不可逆矩阵，故 $\det(\boldsymbol{AB})=0=\det(\boldsymbol{A})\det(\boldsymbol{B})$。下面讨论 $\det(\boldsymbol{B})\neq 0$ 的情形。引入函数 $G(\boldsymbol{A})=\det(\boldsymbol{AB})/\det(\boldsymbol{B})$。不难验证，$G(\boldsymbol{A})$ 满足第 6.3 节中定理 6.3.1 的三条基本性质。单位元：$G(\boldsymbol{I})=\det(\boldsymbol{IB})/\det(\boldsymbol{B})=\det(\boldsymbol{B})/\det(\boldsymbol{B})=1$。反对称性：任意交换矩阵 $\boldsymbol{A}$ 的两个行向量，则矩阵 $\boldsymbol{AB}$ 对应的两个行向量也将发生交换，故 $\det(\boldsymbol{AB})$ 取值相反，从而 $G(\boldsymbol{A})$ 取值相反。多重线性性：由 $\det(\boldsymbol{AB})=\det(\vec{a}_1\boldsymbol{B},\cdots,\vec{a}_n\boldsymbol{B})$，其中 $\vec{a}_i$ $(i=1,\cdots,n)$ 为矩阵 $\boldsymbol{A}$ 的行向量，可知

$$
\begin{aligned}
&G(\vec{a}_1,\cdots,\beta\vec{a}_i+\gamma\vec{x},\cdots,\vec{a}_n)\\
=&\det(\vec{a}_1\boldsymbol{B},\cdots,(\beta\vec{a}_i+\gamma\vec{x})\boldsymbol{B},\cdots,\vec{a}_n\boldsymbol{B})/\det(\boldsymbol{B})\\
=&\beta\det(\vec{a}_1\boldsymbol{B},\cdots,\vec{a}_i\boldsymbol{B},\cdots,\vec{a}_n\boldsymbol{B})/\det(\boldsymbol{B})+\\
&\gamma\det(\vec{a}_1\boldsymbol{B},\cdots,\vec{x}\boldsymbol{B},\cdots,\vec{a}_n\boldsymbol{B})/\det(\boldsymbol{B})\\
=&\beta G(\vec{a}_1,\cdots,\vec{a}_i,\cdots,\vec{a}_n)+\gamma G(\vec{a}_1,\cdots,\vec{x},\cdots,\vec{a}_n)
\end{aligned}
$$

因此，根据函数的唯一性，必有 $G(\boldsymbol{A})=\det(\boldsymbol{A})$，从而说明 $\det(\boldsymbol{AB})=\det(\boldsymbol{A})\det(\boldsymbol{B})$。感兴趣的读者也可以尝试通过行列式的展开式结合归纳法进行证明。 □

例子 6.2.1 证明范德蒙德矩阵的行列式

$$\det\begin{pmatrix}1 & 1 & \cdots & 1\\ a_1 & a_2 & \cdots & a_n\\ \vdots & \vdots & & \vdots\\ a_1^{n-1} & a_2^{n-1} & \cdots & a_n^{n-1}\end{pmatrix}=\prod_{1\leqslant j<i\leqslant n}(a_i-a_j)$$

证明 令 V_n 表示 n 阶范德蒙德矩阵，对矩阵阶数采用数学归纳法。

$n=2$ 时，$\det(V_2)=a_2-a_1$，命题成立。假设 $n=k$ 时，命题成立。当 $n=k+1$ 时，分别用矩阵后面一行减去前面一行的 a_1 倍，有

$$\det\begin{pmatrix}1 & 1 & \cdots & 1\\ a_1 & a_2 & \cdots & a_{k+1}\\ \vdots & \vdots & & \vdots\\ a_1^{k} & a_2^{k} & \cdots & a_{k+1}^{k}\end{pmatrix}=\det\begin{pmatrix}1 & 1 & \cdots & 1\\ 0 & a_2-a_1 & \cdots & a_{k+1}-a_1\\ \vdots & \vdots & & \vdots\\ 0 & a_2^{k-1}(a_2-a_1) & \cdots & a_{k+1}^{k-1}(a_{k+1}-a_1)\end{pmatrix}$$

按第一列展开，并提取每列中的公因子，有

$$\det(V_{k+1})=(a_2-a_1)\cdots(a_{k+1}-a_1)\det\begin{pmatrix}1 & 1 & \cdots & 1\\ a_2 & a_3 & \cdots & a_{k+1}\\ \vdots & \vdots & & \vdots\\ a_2^{k-1} & a_3^{k-1} & \cdots & a_{k+1}^{k-1}\end{pmatrix}$$

后者为 k 阶范德蒙德矩阵的行列式。根据归纳法，有 $\det(V_{k+1})=(a_2-a_1)\cdots(a_{k+1}-a_1)\prod\limits_{2\leqslant j<i\leqslant k+1}(a_i-a_j)=\prod\limits_{1\leqslant j<i\leqslant k+1}(a_i-a_j)$，得证。 □

6.3 行列式公理化定义

基于第 6.2 节中对行列式基本性质的讨论，我们还可以通过更加公理化的途径来定义矩阵的行列式。

定理 6.3.1 给定 $n\times n$ 矩阵 $\boldsymbol{A}$，考虑作用在 $\boldsymbol{A}$ 上的函数映射 $G(\boldsymbol{A})=G(\vec{a}_1,\cdots,\vec{a}_n):\mathbb{F}^{n\times n}\to\mathbb{F}$，其中 $\vec{a}_1,\cdots,\vec{a}_n$ 为矩阵 $\boldsymbol{A}$ 的行（或列）向量，若 $G(\boldsymbol{A})$ 满足如下基本性质，则恒有 $G(\boldsymbol{A})=\det(\boldsymbol{A})$。

(1) **单位元**。$G(\boldsymbol{I})=1$，其中 $\boldsymbol{I}$ 为单位矩阵。

(2) **反对称性**。交换矩阵 $\boldsymbol{A}$ 的任意两个行（或列）向量，$G(\boldsymbol{A})$ 取值相反，即 $G(\vec{a}_1,\cdots,\vec{a}_i,\cdots,\vec{a}_j,\cdots,\vec{a}_n)=-G(\vec{a}_1,\cdots,\vec{a}_j,\cdots,\vec{a}_i,\cdots,\vec{a}_n)$。

(3) **多重线性性**。$G(\boldsymbol{A})$ 对矩阵的任一行（或列）向量满足线性性质，即 $G(\vec{a}_1,\cdots,\beta\vec{a}_i+\gamma\vec{x},\cdots,\vec{a}_n)=\beta\cdot G(\vec{a}_1,\cdots,\vec{a}_i,\cdots,\vec{a}_n)+\gamma\cdot G(\vec{a}_1,\cdots,\vec{x},\cdots,\vec{a}_n)$，其中，$\beta,\gamma\in\mathbb{F}$，$\vec{x}$ 为任意与 $\vec{a}_i$ 等长的行（或列）向量。

证明 只需要证明同时满足上述三条基本要求的函数 $G(\boldsymbol{A})$ 是唯一的，然后根据第 6.2 节知道矩阵 $\boldsymbol{A}$ 的行列式满足上述三条基本要求，即可得到 $G(\boldsymbol{A})=\det(\boldsymbol{A})$。

令 $\vec{e}_i=(0,\cdots,0,1,0\cdots,0)$ 为只有第 i 个元素不为零的 $1\times n$ 单位行向量，则 $\boldsymbol{A}$ 的任一行向量 $\vec{a}_j$ 有唯一表示 $\vec{a}_j=\sum\limits_{i=1}^{n}a_{ij}\vec{e}_i$。

$$
\begin{aligned}
G(\boldsymbol{A})&=G(\vec{a}_1,\cdots,\vec{a}_n)\\
&=G(\sum_{q_1=1}^{n}a_{q_1,1}\vec{e}_{q_1},\vec{a}_2,\cdots,\vec{a}_n)=\sum_{q_1=1}^{n}a_{q_1,1}G(\vec{e}_{q_1},\vec{a}_2,\cdots,\vec{a}_n)\\
&=\sum_{q_1=1}^{n}a_{q_1,1}G(\vec{e}_{q_1},\sum_{q_2=1}^{n}a_{q_2,2}\vec{e}_{q_2},\vec{a}_3,\cdots,\vec{a}_n)\\
&=\sum_{q_1=1}^{n}a_{q_1,1}\sum_{q_2=1}^{n}a_{q_2,2}G(\vec{e}_{q_1},\vec{e}_{q_2},\vec{a}_3,\cdots,\vec{a}_n)\\
&=\cdots\cdots\\
&=\sum_{q_1=1}^{n}\cdots\sum_{q_n=1}^{n}a_{q_1,1}\cdots a_{q_n,n}G(\vec{e}_{q_1},\vec{e}_{q_2},\cdots,\vec{e}_{q_n}),
\end{aligned}
$$

其中第二行等式利用了多重线性性。基于反对称性，若 $(q_1,\cdots,q_n)$ 有两个或以上元素相同，则 $G(\vec{e}_{q_1},\vec{e}_{q_2},\cdots,\vec{e}_{q_n})=0$；否则，若 $(q_1,\cdots,q_n)$ 中所有元素均不相同，则利用单位元和反对称性，易见 $|G(\vec{e}_{q_1},\vec{e}_{q_2},\cdots,\vec{e}_{q_n})|=1$。

下面来具体确定 $G(\vec{e}_{q_1},\vec{e}_{q_2},\cdots,\vec{e}_{q_n})$ 的符号。因为 $(q_1,\cdots,q_n)$ 中的元素均不相同，所以它必是 $(1,2,\cdots,n)$ 的一个重排列。考虑如下操作：首先确定 $(q_1,\cdots,q_n)$ 中元素 1 所在的位置，然后将元素 1 与它左边最近邻位置的元素进行两两交换，依次重复上述过程直至元素 1 被交换到第一位置；接着确定元素 2 所在的位置，重复与前述相同的两两交换过程，直至元素 2 被移动到向量中第二个位置；对后续元素重复上述操作，直至完成所有元素的重新排列。经过上述操作，显然向量 $(q_1,\cdots,q_n)$ 变为 $(1,2,\cdots,n)$。与此同时，如果我们对矩阵 $[\vec{e}_{q_1},\vec{e}_{q_2},\cdots,\vec{e}_{q_n}]$ 中的行向量进行相同的两两交换操作的话，那么我们最终也将得到单位矩阵。因此根据反对称性，$G(\vec{e}_{q_1},\vec{e}_{q_2},\cdots,\vec{e}_{q_n})$ 的符号完全由上述操作中所需的两两交换的总次数 [也称为逆序数，记为 $t(q_1,\cdots,q_n)$] 决定，即有

$$G(\vec{e}_{q_1},\vec{e}_{q_2},\cdots,\vec{e}_{q_n})=(-1)^{t(q_1,\cdots,q_n)}$$

其中 $q_1,\cdots,q_n$ 为 $1,\cdots,n$ 的一个重排列。这样我们就完成了对 $G(\boldsymbol{A})$ 唯一性的证明。

□

基于上述证明，我们可以给出另外一种常用的行列式计算方法。

定义 6.3.1 给定排列 $q_1,\cdots,q_n$，如果该排列中一对数的前后位置与其大小顺序相反，即前面的数大于后面的数，那么它们就称为一个逆序。一个排列中逆序的总数就称为这个排列的**逆序数**，记为 $t(q_1,\cdots,q_n)$。

例子 6.3.1 考虑排列 $3,4,2,1$。其中 $32,31,42,41,21$ 是逆序，故该排列的逆序数 $t(3,4,2,1)=5$。

命题 6.3.1 矩阵 $\boldsymbol{A}=[a_{ij}]_{n\times n}$ 的行列式

$$\det(\boldsymbol{A})=\sum_{\{q_1,\cdots,q_n\}}(-1)^{t(q_1,\cdots,q_n)}\prod_{i=1}^{n}a_{i,q_i}$$

其中加法项取遍 $1,\cdots,n$ 的任一重排列 $q_1,\cdots,q_n$。

证明 采用归纳法。当 $n=1$ 时, 命题显然成立。假设 $n=k$ 时, 命题成立。当 $n=k+1$ 时，有

$$\begin{aligned}\det(\boldsymbol{A})&=\sum_{k=1}^{n}(-1)^{1+k}a_{1k}|\tilde{\boldsymbol{A}}_{1k}|=\sum_{k=1}^{n}(-1)^{1+k}a_{1k}\sum_{k\notin\{q_2,\cdots,q_n\}}(-1)^{t(q_2,\cdots,q_n)}\prod_{i=2}^{n}a_{i,q_i}\\&=\sum_{k=1}^{n}\sum_{\{q_1=k,q_2,\cdots,q_n\}}(-1)^{1+k}(-1)^{t(q_2,\cdots,q_n)}\prod_{i=1}^{n}a_{i,q_i}\\&=\sum_{k=1}^{n}\sum_{\{q_1=k,q_2,\cdots,q_n\}}(-1)^{t(q_1=k,q_2,\cdots,q_n)}\prod_{i=1}^{n}a_{i,q_i}\\&=\sum_{\{q_1,q_2,\cdots,q_n\}}(-1)^{t(q_1,q_2,\cdots,q_n)}\prod_{i=1}^{n}a_{i,q_i}\end{aligned}$$

其中，第二等式中，要求 $q_2,\cdots,q_n$ 是 $1,\cdots,n$ 去掉元素 k 后的一个重排列；在第三个等式中，我们将 q_1 固定成元素 k；在第四个等式中，利用了 $t(q_1=k,q_2,\cdots,q_n)=t(q_2,\cdots,q_n)+k-1$ 的性质。 □

6.4 行列式几何意义

行列式的公理化定义有着非常明确的几何意义。这点可以首先通过二阶矩阵的行列式来证实。给定矩阵 $\boldsymbol{A}=\begin{pmatrix}x_1&y_1\\x_2&y_2\end{pmatrix}$，记行向量 $\vec{a}=(x_1,y_1),\vec{b}=(x_2,y_2)$。那么由解析几何知识可知，在二维平面上 $(0,0),(x_1,y_1),(x_2,y_2),(x_1+x_2,y_1+y_2)$ 四个点所构成的平行四边形的面积为 $S(\vec{a},\vec{b})=|\vec{a}||\vec{b}||\sin\langle\vec{a},\vec{b}\rangle|=|\vec{a}\times\vec{b}|$。不难计算，

$$\begin{aligned}&\sin\langle\vec{a},\vec{b}\rangle=\sqrt{1-\cos^2\langle\vec{a},\vec{b}\rangle}=\sqrt{1-[\vec{a}\cdot\vec{b}/(|\vec{a}||\vec{b}|)]^2}\\=&\sqrt{1-(x_1x_2+y_1y_2)^2/[(x_1^2+y_1^2)(x_2^2+y_2^2)]}=\pm(x_1y_2-x_2y_1)/(|\vec{a}||\vec{b}|)\end{aligned}$$

这说明 $S(\vec{a},\vec{b}) = |\det(\boldsymbol{A})|$，即二阶矩阵行列式的绝对值是行列式中矩阵行向量所张成的平行四边形的面积。根据 $\det(\boldsymbol{A}) = \det(\boldsymbol{A}^{\mathrm{T}})$，上述结论对于行列式中矩阵列向量同样成立。

下面我们来进一步明确行列式性质的几何解释。

命题 6.4.1 给定二阶矩阵 $A = (\vec{a},\vec{b})$，则行列式性质的几何意义如下（图 6.1）:

(1) 单位矩阵行列式 $\det(I) = 1$ 对应于单位正方形面积为 1;

(2) $\det(\beta\vec{a},\vec{b}) = \beta\det(\vec{a},\vec{b})$ 对应于将平行四边形某一边长伸缩 β 倍，则该平行四边形面积也缩放 $|\beta|$ 倍;

(3) $\det(\vec{a}+\vec{c},\vec{b}) = \det(\vec{a},\vec{b}) + \det(\vec{c},\vec{b})$ 对应于一个大的平行四边形的面积可以分解为其两个子平行四边形面积的叠加;

(4) $\det(\vec{a},\vec{b}+\beta\vec{a}) = \det(\vec{a},\vec{b})$ 对应于将平行四边形做同底等高的变形时面积保持不变;

(5) $\det(\vec{a},\vec{b}) = 0$ 对应于若两个向量共线，则它们所张成的平行四边形是退化的，面积为零。

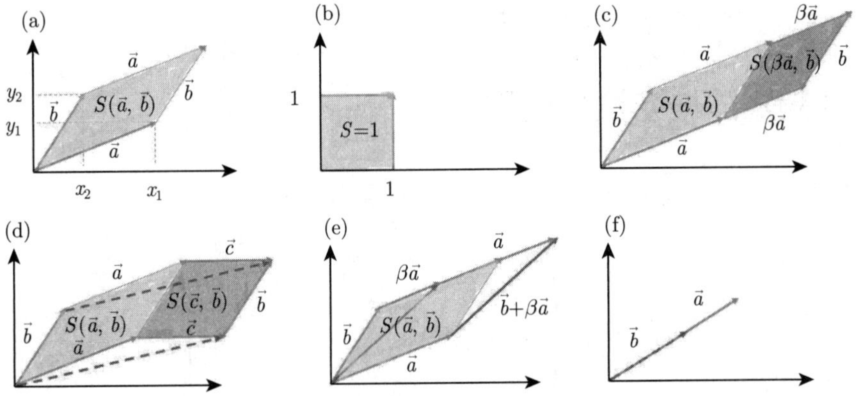

图 6.1 行列式性质的几何意义

事实上，我们可以将上述结论加以推广，利用行列式定义一般 n 维空间中由 n 个向量所张成的平行多面体的体积。

定义 6.4.1 定义 n 维空间中由向量 $\vec{a}_1,\vec{a}_2,\cdots,\vec{a}_n$ 所张成的平行多面体的有向体积为 $\det(\vec{a}_1,\vec{a}_2,\cdots,\vec{a}_n)$。

注记 6.4.1 在定义 6.4.1 中，需要注意的是，相比通常面积或体积的定义，这里的有向体积的取值可正可负，取决于张成平行多面体的 n 个向量排列顺序。比如对于二维平面，根据定义 $(\vec{a},\vec{b})$ 向量对所张成的平行四边形的有向体积和 $(\vec{b},\vec{a})$ 向量对所张成的平行四边形的有向体积之间相差一个负号，这个问题可以通过引入右手坐标系来加以解决。

命题 6.4.2 (1) $\det(\boldsymbol{A})$ 几何上表示 n 维平行多面体的有向体积在线性映射 A 作用下的缩放因子;

(2) n 个向量线性无关当且仅当它们所张成的 n 维平行多面体的有向体积不为零;

(3) 矩阵 $\boldsymbol{A}$ 的秩代表它的向量所能张成的有向体积非零的平行多面体的最大维数。

证明 （1）给定 n 维空间中任意矩阵 $\boldsymbol{B}$，由定义可知 $\det(\boldsymbol{B})$ 表示 $\boldsymbol{B}$ 的列向量所张成的平行多面体的有向体积。在线性映射 A 作用下矩阵 $\boldsymbol{B}$ 的列向量对应于矩阵 $\boldsymbol{AB}$ 的列向量，而后者所张成的平行多面体的有向体积为 $\det(\boldsymbol{AB})$。因此根据行列式性质 $\det(\boldsymbol{AB}) = \det(\boldsymbol{A})\det(\boldsymbol{B})$ 和矩阵 $\boldsymbol{B}$ 的任意性可知，$\det(\boldsymbol{A})$ 刻画了线性映射 A 在几何上的缩放作用和强度。

（2）n 个向量线性无关当且仅当它们所构成的矩阵的行列式不为零，再由行列式几何意义即得。

（3）矩阵 $\boldsymbol{A}$ 的秩表示矩阵 $\boldsymbol{A}$ 中最大线性无关组所包含向量的个数，再利用性质 (2) 即得。 □

例子6.4.1 考虑二维平面上的旋转变换 $R(\theta) = \begin{pmatrix} \cos\theta & -\sin\theta \\ \sin\theta & \cos\theta \end{pmatrix}$。由 $\det(R(\theta)) = \cos^2\theta + \sin^2\theta = 1$ 可知，旋转变换 $R(\theta)$ 不会改变被作用对象的有向面积。事实上容易验证，对于二维平面上任意非零向量 $\vec{a} \neq \vec{0}$，$R(\theta)\vec{a}$ 的作用效果是将该向量沿逆时针方向旋转 θ 角度，而向量的长度保持不变。

6.5 伴随矩阵与克拉默法则

定义 6.5.1 给定 $n \times n$ 矩阵 $\boldsymbol{A}$，定义 $\boldsymbol{A}$ 的**伴随矩阵**为

$$\operatorname{adj}(\boldsymbol{A}) = \begin{pmatrix} |\tilde{\boldsymbol{A}}_{11}|^* & |\tilde{\boldsymbol{A}}_{21}|^* & \cdots & |\tilde{\boldsymbol{A}}_{n1}|^* \\ |\tilde{\boldsymbol{A}}_{12}|^* & |\tilde{\boldsymbol{A}}_{22}|^* & \cdots & |\tilde{\boldsymbol{A}}_{n2}|^* \\ \vdots & \vdots & & \vdots \\ |\tilde{\boldsymbol{A}}_{1n}|^* & |\tilde{\boldsymbol{A}}_{2n}|^* & \cdots & |\tilde{\boldsymbol{A}}_{nn}|^* \end{pmatrix}$$

即将矩阵 $\boldsymbol{A}$ 的第 i 行第 j 列的元素都替换为 $\boldsymbol{A}$ 的代数余子式 $|\tilde{\boldsymbol{A}}_{ji}|^*$。注意这里伴随矩阵中行列指标的顺序。

命题 6.5.1 伴随矩阵满足如下性质：

(1) 若矩阵 $\boldsymbol{A}$ 可逆，则有 $\boldsymbol{A}^{-1} = [\det(\boldsymbol{A})]^{-1}\operatorname{adj}(\boldsymbol{A})$；

(2) 若矩阵 $\boldsymbol{A}$ 不可逆，则 $\operatorname{adj}(\boldsymbol{A})$ 也是不可逆矩阵；若矩阵 $\boldsymbol{A}$ 可逆，则 $\operatorname{adj}(\boldsymbol{A})$ 也可逆，且 $[\operatorname{adj}(\boldsymbol{A})]^{-1} = \operatorname{adj}(\boldsymbol{A}^{-1})$；

(3) $\det(\operatorname{adj}(\boldsymbol{A})) = [\det(\boldsymbol{A})]^{n-1}$；

(4) 若 $\det(\boldsymbol{A}) = 1$，则 $\operatorname{adj}(\operatorname{adj}(\boldsymbol{A})) = \boldsymbol{A}$。

证明 （1）考虑 $\boldsymbol{B} = [b_{ij}] = \boldsymbol{A} \cdot \operatorname{adj}(\boldsymbol{A})$，其元素为

$$b_{ij} = \sum_{k=1}^{n} a_{ik}|\tilde{\boldsymbol{A}}_{ji}|^* = \begin{cases} \det(\boldsymbol{A}), & i = j \\ 0, & i \neq j \end{cases}$$

故 $\boldsymbol{A}\cdot\mathrm{adj}(\boldsymbol{A}) = \det(\boldsymbol{A})\cdot I$。因为 $\boldsymbol{A}$ 可逆，所以 $\det(\boldsymbol{A}) \neq 0$，由此得 $\boldsymbol{A}^{-1} = [\det(\boldsymbol{A})]^{-1}\mathrm{adj}(\boldsymbol{A})$。

（2）由（1）可知，矩阵 $\boldsymbol{A}$ 可逆当且仅当 $\mathrm{adj}(\boldsymbol{A})$ 可逆，且 $[\mathrm{adj}(\boldsymbol{A})]^{-1} = [\det(\boldsymbol{A})]^{-1}\boldsymbol{A}$，$\mathrm{adj}(\boldsymbol{A}^{-1}) = \det(\boldsymbol{A}^{-1})(\boldsymbol{A}^{-1})^{-1} = \det(\boldsymbol{A})^{-1}\boldsymbol{A}$。

（3）$\det(\mathrm{adj}(\boldsymbol{A})) = \det(\det(\boldsymbol{A})\boldsymbol{A}^{-1}) = [\det(\boldsymbol{A})]^n \det(\boldsymbol{A}^{-1}) = [\det(\boldsymbol{A})]^{n-1}$。

（4）$\mathrm{adj}(\mathrm{adj}(\boldsymbol{A})) = \mathrm{adj}(\det(\boldsymbol{A})\boldsymbol{A}^{-1}) = \mathrm{adj}(\boldsymbol{A}^{-1}) = \det(\boldsymbol{A}^{-1})(\boldsymbol{A}^{-1})^{-1} = \boldsymbol{A}$。 □

当矩阵 $\boldsymbol{A}$ 为可逆时，$\boldsymbol{A}^{-1}$ 和 $\mathrm{adj}(\boldsymbol{A})$ 之间的关系可以用于求解线性方程组，这就是**克拉默法则**。

定理 6.5.1 给定线性方程组 $\boldsymbol{A}\vec{x} = \vec{b}$，若系数矩阵 $\boldsymbol{A}$ 为 $n\times n$ 的可逆矩阵，则该线性方程组有唯一解，且该解由下式给出：

$$x_i = \frac{\det(\boldsymbol{A}_{a_i\to b})}{\det(\boldsymbol{A})},\ i = 1,\cdots,n$$

其中 $\boldsymbol{A}_{a_i\to b}$ 表示矩阵 $\boldsymbol{A}$ 的第 i 列向量 $\vec{a}_i$ 用列向量 $\vec{b}$ 替代。

证明 因为矩阵 $\boldsymbol{A}$ 可逆，所以线性方程组的解 $\vec{x} = \boldsymbol{A}^{-1}\vec{b} = [\det(\boldsymbol{A})]^{-1}\mathrm{adj}(\boldsymbol{A})\vec{b}$，它的分量 $x_i = [\det(\boldsymbol{A})]^{-1}\sum\limits_{k=1}^{n} b_k|\tilde{\boldsymbol{A}}_{ik}|^* = \det(\boldsymbol{A}_{a_i\to b})/\det(\boldsymbol{A})$。 □

克拉默法则给出了线性方程组的系数矩阵与解的存在性与唯一性之间的关系：当系数矩阵的行列式不为零时，方程组有唯一解；否则，当方程组无解或者有无穷多解时，则系数矩阵的行列式必定为零。这个结论事实上对于非方阵形式的线性方程组也成立。克拉默法则的主要缺陷在于其运算量较大。

例子 6.5.1 已知齐次线性方程组

$$\begin{cases} ax_1 + bx_2 + \cdots + bx_n = 0 \\ bx_1 + ax_2 + \cdots + bx_n = 0 \\ \cdots\cdots \\ bx_1 + bx_2 + \cdots + ax_n = 0 \end{cases}$$

其中，$a \neq 0$，$b \neq 0$，$n \geqslant 2$。试讨论 a, b 取何值时，该方程组只有零解或者有无穷多解。有无穷多解时，给出通解。

解 上述方程组的系数矩阵 $\boldsymbol{A}$ 的行列式为

$$\det(\boldsymbol{A}) = \det\begin{pmatrix} a & b & \cdots & b \\ b & a & \cdots & b \\ \vdots & \vdots & & \vdots \\ b & b & \cdots & a \end{pmatrix} = [a + (n-1)b](a-b)^{n-1}$$

由此可知，当 $a \neq b$ 且 $a \neq -(n-1)b$ 时，齐次方程组只有唯一零解。

反之，若 $a=b$，易见 $\mathrm{rank}(\boldsymbol{A})=1$，此时唯一有效约束是 $x_1+x_2+\cdots+x_n=0$。分别取 $x_2,\cdots,x_n$ 为自由变元，可得通解为

$$\{k_1\vec{\xi_1}+\cdots+k_{n-1}\vec{\xi}_{n-1}|k_1,\cdots,k_{n-1}\in\mathbb{R}\}$$

其中 $\vec{\xi_1}=(1,-1,0,\cdots,0)^{\mathrm{T}},\vec{\xi_2}=(1,0,-1,0,\cdots,0)^{\mathrm{T}},\cdots,\vec{\xi}_{n-1}=(1,0,0,\cdots,0,-1)^{\mathrm{T}}$。

若 $a=-(n-1)b$，根据齐次线性方程解空间维数和系数矩阵秩的关系，不难知道此时 $\mathrm{rank}(\boldsymbol{A})=n-1$。再根据系数矩阵的对称性，可知通解必满足 $x_1=x_2=\cdots=x_n$，即通解为 $\{k\vec{\xi}\mid k\in\mathbb{R}\}$，其中 $\vec{\xi}=(1,\cdots,1)^{\mathrm{T}}$。

6.6 拓展应用：克拉默法则应用 *

我们来看一个克拉默法则在隐函数求导方面的应用。给定等式 $F(x,y,u,v)=0$ 和 $G(x,y,u,v)=0$，求 $\partial x/\partial u$, $\partial x/\partial v$, $\partial y/\partial u$, $\partial y/\partial v$。

假设 $x=x(u,v)$，$y=x(u,v)$。根据全微分定义，可知

$$\mathrm{d}F=\frac{\partial F}{\partial x}\mathrm{d}x+\frac{\partial F}{\partial y}\mathrm{d}y+\frac{\partial F}{\partial u}\mathrm{d}u+\frac{\partial F}{\partial v}\mathrm{d}v$$
$$\mathrm{d}G=\frac{\partial G}{\partial x}\mathrm{d}x+\frac{\partial G}{\partial y}\mathrm{d}y+\frac{\partial G}{\partial u}\mathrm{d}u+\frac{\partial G}{\partial v}\mathrm{d}v$$
$$\mathrm{d}x=\frac{\partial x}{\partial u}\mathrm{d}u+\frac{\partial x}{\partial v}\mathrm{d}v$$
$$\mathrm{d}y=\frac{\partial x}{\partial u}\mathrm{d}u+\frac{\partial x}{\partial v}\mathrm{d}v$$

将 $\mathrm{d}x,\mathrm{d}y$ 代入 $\mathrm{d}F,\mathrm{d}G$ 中，得到

$$\mathrm{d}F=\left(\frac{\partial F}{\partial x}\frac{\partial x}{\partial u}+\frac{\partial F}{\partial y}\frac{\partial y}{\partial u}+\frac{\partial F}{\partial u}\right)\mathrm{d}u+\left(\frac{\partial F}{\partial x}\frac{\partial x}{\partial v}+\frac{\partial F}{\partial y}\frac{\partial y}{\partial v}+\frac{\partial F}{\partial v}\right)\mathrm{d}v$$
$$\mathrm{d}G=\left(\frac{\partial G}{\partial x}\frac{\partial x}{\partial u}+\frac{\partial G}{\partial y}\frac{\partial y}{\partial u}+\frac{\partial G}{\partial u}\right)\mathrm{d}u+\left(\frac{\partial G}{\partial x}\frac{\partial x}{\partial v}+\frac{\partial G}{\partial y}\frac{\partial y}{\partial v}+\frac{\partial G}{\partial v}\right)\mathrm{d}v$$

因为 u,v 是独立自变量，所以

$$\frac{\partial F}{\partial x}\frac{\partial x}{\partial u}+\frac{\partial F}{\partial y}\frac{\partial y}{\partial u}=-\frac{\partial F}{\partial u}$$
$$\frac{\partial G}{\partial x}\frac{\partial x}{\partial u}+\frac{\partial G}{\partial y}\frac{\partial y}{\partial u}=-\frac{\partial G}{\partial u}$$
$$\frac{\partial F}{\partial x}\frac{\partial x}{\partial v}+\frac{\partial F}{\partial y}\frac{\partial y}{\partial v}=-\frac{\partial F}{\partial v}$$
$$\frac{\partial G}{\partial x}\frac{\partial x}{\partial v}+\frac{\partial G}{\partial y}\frac{\partial y}{\partial v}=-\frac{\partial G}{\partial v}$$

用克拉默法则求解上述线性方程组，即得

$$\frac{\partial x}{\partial u}=-\frac{\partial(F,G)}{\partial(u,y)}\Big/\frac{\partial(F,G)}{\partial(x,y)},\quad \frac{\partial x}{\partial v}=-\frac{\partial(F,G)}{\partial(v,y)}\Big/\frac{\partial(F,G)}{\partial(x,y)}$$

$$\frac{\partial y}{\partial u}=-\frac{\partial(F,G)}{\partial(x,u)}\Big/\frac{\partial(F,G)}{\partial(x,y)},\quad \frac{\partial y}{\partial v}=-\frac{\partial(F,G)}{\partial(x,v)}\Big/\frac{\partial(F,G)}{\partial(x,y)}$$

其中 $\dfrac{\partial(F,G)}{\partial(u,y)}=\dfrac{\partial F}{\partial u}\dfrac{\partial G}{\partial y}-\dfrac{\partial F}{\partial y}\dfrac{\partial G}{\partial u}$ 表示函数的雅可比行列式。其他类似。

6.7 练习

练习 6.7.1 求如下实矩阵的行列式：

(1) $\begin{pmatrix}1&3\\2&4\end{pmatrix}$；

(2) $\begin{pmatrix}1&1&1\\0&1&1\\0&0&1\end{pmatrix}$；

(3) $\begin{pmatrix}1&2&3&4\\5&6&7&8\\9&10&11&12\\13&14&15&16\end{pmatrix}$；

(4) $\begin{pmatrix}2&1&2&1\\1&2&1&2\\3&4&1&2\\4&3&2&1\end{pmatrix}$。

练习 6.7.2 试基于行列式的公理化定义（或完全展开式定义）证明第 6.2 节中行列式的基本性质。

练习 6.7.3 若矩阵 $\boldsymbol{A}$ 可逆，证明 $\det(\boldsymbol{A}^{-1})=\det(\boldsymbol{A})^{-1}$。

练习 6.7.4 设 $\boldsymbol{A},\boldsymbol{B}$ 是 n 级可逆方阵，则等式 $\det(\boldsymbol{A}+\boldsymbol{B})=\det\boldsymbol{A}+\det\boldsymbol{B}$ 成立吗？试证明或举反例说明。

练习 6.7.5 若 $\boldsymbol{A}$ 为可逆矩阵, 证明 $\operatorname{rank}(\boldsymbol{AB})=\operatorname{rank}(\boldsymbol{B})$。

练习 6.7.6 设 $\boldsymbol{A}$ 是 n 阶方阵。证明以下说法等价：

(1) $\boldsymbol{A}$ 可逆；

(2) $\det(\boldsymbol{A})\neq 0$；

(3) $\operatorname{rank}(\boldsymbol{A})=n$；

(4) $\boldsymbol{A}$ 的行 (列) 向量组线性无关。

练习 6.7.7 求如下排列的逆序数：

(1) 34657；

(2) 178645；

(3) 764321；

(4) 6539214；

(5) 8914365；

(6) 5469871243。

练习 6.7.8 证明上三角阵的行列式等于其对角线上元素的乘积。

练习 6.7.9 计算如下 n 阶矩阵的行列式：

$$\boldsymbol{A}_n = \begin{pmatrix} b & c & 0 & 0 & 0 & \cdots & 0 & 0 & 0 \\ c & b & c & 0 & 0 & \cdots & 0 & 0 & 0 \\ 0 & c & b & c & 0 & \cdots & 0 & 0 & 0 \\ 0 & 0 & c & b & c & \cdots & 0 & 0 & 0 \\ \vdots & \vdots & \vdots & \vdots & \vdots & & \vdots & \vdots & \vdots \\ 0 & 0 & 0 & 0 & 0 & \cdots & c & b & c \\ 0 & 0 & 0 & 0 & 0 & \cdots & 0 & c & b \end{pmatrix}$$

练习 6.7.10 计算如下 8 阶矩阵的行列式：

$$\boldsymbol{E}_8 = \begin{pmatrix} 2 & -1 & 0 & 0 & 0 & 0 & 0 & 0 \\ -1 & 2 & -1 & 0 & 0 & 0 & 0 & 0 \\ 0 & -1 & 2 & -1 & 0 & 0 & 0 & 0 \\ 0 & 0 & -1 & 2 & -1 & 0 & 0 & 0 \\ 0 & 0 & 0 & -1 & 2 & -1 & 0 & -1 \\ 0 & 0 & 0 & 0 & -1 & 2 & -1 & 0 \\ 0 & 0 & 0 & 0 & 0 & -1 & 2 & 0 \\ 0 & 0 & 0 & 0 & -1 & 0 & 0 & 2 \end{pmatrix}$$

练习 6.7.11 计算如下矩阵的行列式：

$$\begin{pmatrix} a & b & b & b & b \\ c & a & b & b & b \\ c & c & a & b & b \\ c & c & c & a & b \\ c & c & c & c & a \end{pmatrix}$$

练习 6.7.12 $\boldsymbol{A}$ 为 n 阶矩阵，$\vec{b}$ 为 n 维向量，若向量组 $\vec{b}, \boldsymbol{A}\vec{b}, \cdots, \boldsymbol{A}^{n-1}\vec{b}$ 线性无关，而向量组 $\boldsymbol{A}\vec{b}, \boldsymbol{A}^2\vec{b}, \cdots, \boldsymbol{A}^n\vec{b}$ 的秩为 $n-1$。证明 $\operatorname{rank}(\operatorname{adj}(\boldsymbol{A})) = 1$，且 $\operatorname{adj}(\boldsymbol{A})\vec{b} \neq \vec{0}$。

练习 6.7.13 设 $\boldsymbol{A}$ 为 n 阶方阵 $(n \geqslant 2)$，证明下式成立：

$$\operatorname{rank}(\operatorname{adj}(\boldsymbol{A})) = \begin{cases} n, & \operatorname{rank}(\boldsymbol{A}) = n \\ 1, & \operatorname{rank}(\boldsymbol{A}) = n-1 \\ 0, & \operatorname{rank}(\boldsymbol{A}) < n-1 \end{cases}$$

练习 6.7.14 设 $\boldsymbol{A}$ 为 n 阶方阵 $(n \geqslant 2)$，证明 $\mathrm{adj}(\mathrm{adj}(\boldsymbol{A})) = [\det(\boldsymbol{A})]^{n-2}\boldsymbol{A}$。

练习 6.7.15 试求如下矩阵的伴随矩阵，并求其逆矩阵。

(1) $\begin{pmatrix} 2 & 1 \\ 3 & 3 \end{pmatrix}$；

(2) $\begin{pmatrix} 1 & 0 & 1 \\ 1 & 1 & 1 \\ 0 & 1 & 1 \end{pmatrix}$；

(3) $\begin{pmatrix} 1 & 2 & 2 \\ 2 & 1 & 2 \\ 2 & 2 & 1 \end{pmatrix}$。

练习 6.7.16 一个 $n \times m$ 的矩阵可以考虑表示成**分块矩阵**的形式。例如，一个 4 阶方阵 $\boldsymbol{T}$ 可以考虑如下的分块形式：

$$\boldsymbol{T} = \begin{pmatrix} \boldsymbol{A} & \boldsymbol{B} \\ \boldsymbol{C} & \boldsymbol{D} \end{pmatrix} = \begin{pmatrix} a_{11} & a_{12} & b_{11} & b_{12} \\ a_{21} & a_{22} & b_{21} & b_{22} \\ c_{11} & c_{12} & d_{11} & d_{12} \\ c_{21} & c_{22} & d_{21} & d_{22} \end{pmatrix}$$

其中

$$\boldsymbol{A} = \begin{pmatrix} a_{11} & a_{12} \\ a_{21} & a_{22} \end{pmatrix},\ \boldsymbol{B} = \begin{pmatrix} b_{11} & b_{12} \\ b_{21} & b_{22} \end{pmatrix},\ \boldsymbol{C} = \begin{pmatrix} c_{11} & c_{12} \\ c_{21} & c_{22} \end{pmatrix},\ \boldsymbol{D} = \begin{pmatrix} d_{11} & d_{12} \\ d_{21} & d_{22} \end{pmatrix}$$

设 $\boldsymbol{T}$ 是 n 阶可逆方阵，且有如下分块形式：

$$\boldsymbol{T} = \begin{pmatrix} \boldsymbol{A} & \boldsymbol{B} \\ \boldsymbol{C} & \boldsymbol{D} \end{pmatrix}$$

其中，$\boldsymbol{A}$ 为 k 阶方阵，$\boldsymbol{D}$ 为 $n-k$ 阶方阵。

(1) 如果 $\boldsymbol{B}$ 是 $k \times (n-k)$ 的零矩阵，证明 $\det(\boldsymbol{T}) = \det(\boldsymbol{A})\det(\boldsymbol{D})$。

(2) 如果 $\boldsymbol{T}$ 的分块 $\boldsymbol{A}, \boldsymbol{B}, \boldsymbol{C}, \boldsymbol{D}$ 均为方阵，是否一定有 $\det(\boldsymbol{T}) = \det(\boldsymbol{A})\det(\boldsymbol{D}) - \det(\boldsymbol{B})\det(\boldsymbol{C})$? 请说明理由。

练习 6.7.17 设矩阵 $\boldsymbol{A}_n = [a_{ij}]$ 为 n 阶方阵，其中

$$a_{ij} = \begin{cases} 0，& i+j-1 > n \\ i+j-1，& i+j-1 \leqslant n \end{cases}$$

计算 $\boldsymbol{A}_n$ 的行列式（该行列式称为**汉克尔行列式**）。

练习 6.7.18 以下等式是否成立？请说明理由。

(1) $\mathrm{adj}(\boldsymbol{AB}) = \mathrm{adj}(\boldsymbol{A})\mathrm{adj}(\boldsymbol{B})$；

(2) $\operatorname{adj}(\boldsymbol{A}^{\mathrm{T}}) = \operatorname{adj}(\boldsymbol{A})^{\mathrm{T}}$。

练习 6.7.19 设 V 是数域 $\mathbb{F}$ 上的线性空间。设 $f: V \to V$ 是线性映射。取 V 的两组基 $\boldsymbol{E}, \boldsymbol{E}'$。证明 $\det \boldsymbol{A}_f^{\boldsymbol{E},\boldsymbol{E}} = \det \boldsymbol{A}_f^{\boldsymbol{E}',\boldsymbol{E}'}$。称 $\det \boldsymbol{A}_f^{\boldsymbol{E},\boldsymbol{E}}$ 为**线性映射 f 的行列式**，记作 $\det(f)$。

练习 6.7.20 设 $\boldsymbol{A}$ 是系数取值在整数上的 n 阶方阵。称 $\boldsymbol{A}$ 可逆，如果存在系数取值在整数上的 n 阶方阵 $\boldsymbol{B}$，使得 $\boldsymbol{AB} = \boldsymbol{BA} = \boldsymbol{I}_n$ 成立。证明 $\boldsymbol{A}$ 可逆当且仅当 $\det(\boldsymbol{A}) = \pm 1$。

7 相似矩阵

7.1 相似关系

考虑矩阵的幂次运算。定义

$$\boldsymbol{A}^m = \underbrace{\boldsymbol{A} \cdot \boldsymbol{A} \cdot \ \cdots \ \cdot \boldsymbol{A} \cdot \boldsymbol{A}}_{m\text{个}\boldsymbol{A}}$$

显然，对于一般的 n 阶方阵 $\boldsymbol{A}$，上述运算需要进行 $O(n^3m)$ 次初等运算（数的加法和乘法），这是非常巨大的计算量。那么，能否在某些情况下简化上述运算呢？注意到对于主对角矩阵 $\boldsymbol{D} = \mathrm{diag}(d_1, \cdots, d_n)$，它的幂次运算是非常简单的，$\boldsymbol{D}^m = \mathrm{diag}(d_1^m, \cdots, d_n^m)$，这提示我们将一般矩阵与主对角矩阵联系起来，从而简化矩阵的幂次运算。

定义 7.1.1 若两个 n 阶方阵 $\boldsymbol{A}$ 和 $\boldsymbol{B}$ 之间，存在可逆矩阵 $\boldsymbol{P}$，满足

$$\boldsymbol{B} = \boldsymbol{P}^{-1}\boldsymbol{A}\boldsymbol{P}$$

则称矩阵 $\boldsymbol{A}$ 和 $\boldsymbol{B}$ 相似，记为 $\boldsymbol{A} \sim \boldsymbol{B}$。

注记 7.1.1 不难验证，矩阵的相似定义了矩阵之间的一个等价关系，即满足自反性 $(\boldsymbol{A} \sim \boldsymbol{A})$、对称性 $(\boldsymbol{A} \sim \boldsymbol{B} \Rightarrow \boldsymbol{B} \sim \boldsymbol{A})$ 和传递性 $(\boldsymbol{A} \sim \boldsymbol{B}, \boldsymbol{B} \sim \boldsymbol{C} \Rightarrow \boldsymbol{A} \sim \boldsymbol{C})$。因此，我们可以根据相似关系将矩阵进行分类。线性代数特别关注的是那些和主对角矩阵相似的矩阵。

命题 7.1.1 *若 $A \sim B$，则有如下性质：*

(1) $\boldsymbol{A}^m \sim \boldsymbol{B}^m$;

(2) $\boldsymbol{A}^{\mathrm{T}} \sim \boldsymbol{B}^{\mathrm{T}}$;

(3) $\det(\boldsymbol{A}) = \det(\boldsymbol{B})$;

(4) $\mathrm{rank}(\boldsymbol{A}) = \mathrm{rank}(\boldsymbol{B})$;

(5) $\mathrm{tr}(\boldsymbol{A}) = \mathrm{tr}(\boldsymbol{B})$;

(6) $\boldsymbol{A}^{-1} \sim \boldsymbol{B}^{-1}$，*如果矩阵 $\boldsymbol{A}$ 和 $\boldsymbol{B}$ 同时可逆。*

证明 (1) $\boldsymbol{A}^m = (\boldsymbol{P}^{-1}\boldsymbol{B}\boldsymbol{P})^m = \boldsymbol{P}^{-1}\boldsymbol{B}\boldsymbol{P}\boldsymbol{P}^{-1}\boldsymbol{B}\boldsymbol{P}\cdots\boldsymbol{P}^{-1}\boldsymbol{B}\boldsymbol{P} = \boldsymbol{P}^{-1}\boldsymbol{B}^m\boldsymbol{P}$。

(2) $\boldsymbol{A}^{\mathrm{T}} = (\boldsymbol{P}^{-1}\boldsymbol{B}\boldsymbol{P})^{\mathrm{T}} = \boldsymbol{P}^{\mathrm{T}}\boldsymbol{B}^{\mathrm{T}}(\boldsymbol{P}^{-1})^{\mathrm{T}} = [(\boldsymbol{P}^{-1})^{\mathrm{T}}]^{-1}\boldsymbol{B}^{\mathrm{T}}(\boldsymbol{P}^{-1})^{\mathrm{T}}$。

(3) $\det(\boldsymbol{A}) = \det(\boldsymbol{P}^{-1}\boldsymbol{B}\boldsymbol{P}) = \det(\boldsymbol{P}^{-1})\det(\boldsymbol{B})\det(\boldsymbol{P}) = \det(\boldsymbol{B})$。

(4) $\mathrm{rank}(\boldsymbol{A}) = \mathrm{rank}(\boldsymbol{P}^{-1}\boldsymbol{B}\boldsymbol{P}) = \mathrm{rank}(\boldsymbol{B}\boldsymbol{P}) = \mathrm{rank}(\boldsymbol{B})$。

(5) $\mathrm{tr}(\boldsymbol{A}) = \mathrm{tr}(\boldsymbol{P}^{-1}\boldsymbol{B}\boldsymbol{P}) = \mathrm{tr}(\boldsymbol{B}\boldsymbol{P}\boldsymbol{P}^{-1}) = \mathrm{tr}(\boldsymbol{B})$。

(6) 因为一个矩阵可逆的充要条件是它的行列式不为零，所以根据性质 (3) 即得它们同时可逆或不可逆。更进一步，$\boldsymbol{A}^{-1} = (\boldsymbol{P}^{-1}\boldsymbol{B}\boldsymbol{P})^{-1} = \boldsymbol{P}^{-1}\boldsymbol{B}^{-1}\boldsymbol{P}$，这说明若两个矩阵可逆，则它们的逆矩阵也相似。 □

定义 7.1.2 若一个矩阵和对角矩阵相似，则称该矩阵**可对角化**。

在本节的最后，我们来回答什么样的矩阵可以对角化这一问题。

定理 7.1.1 数域 $\mathbb{F}$ 上 n 阶方阵 A 可对角化当且仅当存在 n 个数 $\lambda_1,\cdots,\lambda_n\in\mathbb{F}$，及 n 个线性无关向量 $\vec{\eta}_1,\cdots,\vec{\eta}_n\in\mathbb{F}^n$，满足

$$\boldsymbol{A}\vec{\eta}_i=\lambda_i\vec{\eta}_i,\ \forall 1\leqslant i\leqslant n$$

此时，令 $\boldsymbol{P}=(\vec{\eta}_1,\cdots,\vec{\eta}_n)$，有 $\boldsymbol{P}^{-1}\boldsymbol{A}\boldsymbol{P}=\mathrm{diag}(\lambda_1,\cdots,\lambda_n)$。

证明 矩阵 $\boldsymbol{A}$ 相似于主对角矩阵 $\boldsymbol{D}=\mathrm{diag}(\lambda_1,\cdots,\lambda_n)$

$\Leftrightarrow$ 存在可逆矩阵 $\boldsymbol{P}=(\vec{\eta}_1,\cdots,\vec{\eta}_n)$，使得 $\boldsymbol{P}^{-1}\boldsymbol{A}\boldsymbol{P}=\boldsymbol{D}$

$\Leftrightarrow$ 存在可逆矩阵 $\boldsymbol{P}=(\vec{\eta}_1,\cdots,\vec{\eta}_n)$，使得 $\boldsymbol{A}\boldsymbol{P}=\boldsymbol{P}\boldsymbol{D}$

$\Leftrightarrow$ 存在 $\lambda_1,\cdots,\lambda_n\in\mathbb{F}$，以及线性无关向量组 $\vec{\eta}_1,\cdots,\vec{\eta}_n$，使得 $\boldsymbol{A}\vec{\eta}_i=\lambda_i\vec{\eta}_i$，$\forall 1\leqslant i\leqslant n$。 □

7.2 特征值与特征向量

定义 7.2.1 给定数域 $\mathbb{F}$ 上 n 阶方阵 $\boldsymbol{A}$，若存在常数 $\lambda\in\mathbb{F}$，非零向量 $\vec{\eta}\in\mathbb{F}^n$，满足

$$\boldsymbol{A}\vec{\eta}=\lambda\vec{\eta}$$

则称 λ 为矩阵 $\boldsymbol{A}$ 在数域 $\mathbb{F}$ 上的一个**特征值**，称 $\vec{\eta}$ 为对应于特征值 λ 的**特征向量**。

注记 7.2.1 几何上，矩阵 $\boldsymbol{A}$ 的特征向量是那些满足 $\boldsymbol{A}$ 作用在该向量上仅对此向量进行伸缩变换（缩放的倍数为 λ），而不会进行旋转或者平移变换的一类特殊向量；代数上，矩阵 $\boldsymbol{A}$ 的特征向量是那些满足 $\boldsymbol{A}$ 作用后所得向量与作用前的向量线性相关的一类特殊向量。

下面我们将讨论特征值和特征向量的具体计算方法。

定理 7.2.1 给定数域 $\mathbb{F}$ 上 n 阶方阵 $\boldsymbol{A}$，则

(1) λ_0 为 $\boldsymbol{A}$ 在数域 $\mathbb{F}$ 上的特征值当且仅当 $\det(\lambda_0\boldsymbol{I}-\boldsymbol{A})=0$;

(2) $\vec{\eta}_0$ 为 $\boldsymbol{A}$ 对应于特征值 λ_0 的特征向量当且仅当 $\vec{\eta}_0$ 是线性方程组

$$(\lambda_0\boldsymbol{I}-\boldsymbol{A})\vec{\eta}=\vec{0}$$

的一个非零解。

证明 λ_0 为 $\boldsymbol{A}$ 在数域 $\mathbb{F}$ 上的特征值，且 $\vec{\eta}_0$ 为 $\boldsymbol{A}$ 对应于特征值 λ_0 的特征向量

$\Leftrightarrow$ $\boldsymbol{A}\vec{\eta}_0=\lambda_0\vec{\eta}_0$，$\lambda_0\in\mathbb{F}$，$\vec{\eta}_0\in\mathbb{F}^n$，$\vec{\eta}_0\neq\vec{0}$

$\Leftrightarrow$ $(\lambda_0\boldsymbol{I}-\boldsymbol{A})\vec{\eta}_0=\vec{0}$，$\lambda_0\in\mathbb{F}$，$\vec{\eta}_0\in\mathbb{F}^n$，$\vec{\eta}_0\neq\vec{0}$

$\Leftrightarrow$ $\lambda_0\in\mathbb{F}$ 且满足 $\det(\lambda_0\boldsymbol{I}-\boldsymbol{A})=0$，$\vec{\eta}_0$ 是 $(\lambda_0 I-A)\vec{\eta}=\vec{0}$ 的一个非零解。 □

从定理 7.2.1 不难看出，矩阵 $\boldsymbol{A}$ 在数域 $\mathbb{F}$ 上的特征值就是多项式 $\det(\lambda\boldsymbol{I}-\boldsymbol{A})=0$ 在数域 $\mathbb{F}$ 上的根。

定义 7.2.2 称多项式 $\det(\lambda\boldsymbol{I}-\boldsymbol{A})$ 为矩阵 $\boldsymbol{A}$ 的**特征多项式**。

因此，求矩阵 $\boldsymbol{A}$ 特征值的问题，可以等价转化为求 $\boldsymbol{A}$ 的特征多项式在数域 $\mathbb{F}$ 上所有根的问题。特别地，根据代数基本定理，我们知道，在复数域上的 n 次多项式一定有 n 个根。

命题 7.2.1 相似矩阵的特征多项式相同，特征值也相同。

证明 假设 $\boldsymbol{A} \sim \boldsymbol{B}$，则 $\det(\lambda \boldsymbol{I}_n - \boldsymbol{A}) = \det(\lambda \boldsymbol{I}_n - \boldsymbol{P}^{-1}\boldsymbol{B}\boldsymbol{P}) = \det(\boldsymbol{P}^{-1}(\lambda \boldsymbol{I}_n - \boldsymbol{B})\boldsymbol{P}) = \det(\boldsymbol{P}^{-1})\det(\lambda \boldsymbol{I}_n - \boldsymbol{B})\det(\boldsymbol{P}) = \det(\lambda \boldsymbol{I}_n - \boldsymbol{B})$。因为特征值是特征多项式的根，所以相似矩阵的特征值也相同。 □

接下来我们希望刻画特征向量之间的关系。

引理 7.2.1 给定数域 $\mathbb{F}$ 上 n 阶方阵 $\boldsymbol{A}$，λ_1, λ_2 为 $\boldsymbol{A}$ 在数域 $\mathbb{F}$ 上的两个特征值，$\vec{\eta}_1, \vec{\eta}_2$ 为分别对应于特征值 λ_1, λ_2 的特征向量。若 $\lambda_1 \neq \lambda_2$，则 $\vec{\eta}_1, \vec{\eta}_2$ 线性无关。

证明 考虑 $k_1\vec{\eta}_1 + k_2\vec{\eta}_2 = \vec{0}$，若推出 $k_1 = k_2 = 0$，则命题得证。将矩阵 $\boldsymbol{A}$ 左乘到等式两端，有

$$\boldsymbol{A}(k_1\vec{\eta}_1 + k_2\vec{\eta}_2) = k_1\lambda_1\vec{\eta}_1 + k_2\lambda_2\vec{\eta}_2 = \vec{0}$$

另外，将常数 λ_1, λ_2 左乘到等式两端，我们发现

$$k_1\lambda_1\vec{\eta}_1 + k_2\lambda_1\vec{\eta}_2 = \vec{0}$$

$$k_1\lambda_2\vec{\eta}_1 + k_2\lambda_2\vec{\eta}_2 = \vec{0}$$

将上述三个等式两两相减后，得到 $k_1(\lambda_1 - \lambda_2)\vec{\eta}_1 = k_2(\lambda_1 - \lambda_2)\vec{\eta}_2 = \vec{0}$。因为 $\vec{\eta}_1, \vec{\eta}_2$ 均为非零向量，且 $\lambda_1 \neq \lambda_2$，所以必有 $k_1 = k_2 = 0$。 □

通过归纳法和上述引理，我们得到以下定理。

定理 7.2.2 矩阵 $\boldsymbol{A}$ 对应于不同特征值的特征向量是线性无关的。

根据上述定理，我们可以将一个矩阵的特征向量分为两种情况：属于不同特征值的特征向量都是线性无关的；而属于同一特征值的特征向量，虽然它们通常不是线性无关的，但是很容易证明，同一特征值的所有特征向量构成一个线性空间（需额外加上零向量），称为该特征值的**特征子空间**。我们可以在特征子空间中选出一组基向量，它们是线性无关的。

定义 7.2.3 称特征多项式中一个特征值的出现次数为它的**代数重数**，称该特征值的特征子空间的维数为它的**几何重数**。

不难看出一个特征值的几何重数一定小于或等于它的代数重数。

命题 7.2.2 若 n 阶矩阵 $\boldsymbol{A}$ 的所有特征值的几何重数之和等于 n，则该矩阵一定可对角化。

证明 由条件知，我们可以找到 n 个线性无关的特征向量。由定理 7.1.1 可知矩阵 $\boldsymbol{A}$ 可对角化。 □

命题 7.2.3 如果 n 阶矩阵 $\boldsymbol{A}$ 在数域 $\mathbb{F}$ 上恰好有 n 个不同特征值，则该矩阵一定可对角化。

证明 由定理 7.2.2 知 n 个不同的特征值所对应的 n 个特征向量线性无关，故由定理 7.1.1 可知矩阵 $\boldsymbol{A}$ 可对角化。 □

例子 7.2.1 设矩阵

$$A=\begin{pmatrix}1 & 2\\ -4 & 7\end{pmatrix}$$

我们来求 $\boldsymbol{A}^n$，其中 $n\geqslant 1$。我们先求矩阵 $\boldsymbol{A}$ 的特征值和其所对应的所有特征向量。矩阵 $\boldsymbol{A}$ 的特征多项式是

$$\det(\lambda \boldsymbol{I}_2-\boldsymbol{A})=\det\begin{pmatrix}\lambda-1 & -2\\ 4 & \lambda-7\end{pmatrix}=(\lambda-1)(\lambda-7)-(-2)\times 4=(\lambda-3)(\lambda-5)$$

故 $\boldsymbol{A}$ 的特征值为 3 和 5。求特征值 3 所对应的特征向量，就是求如下齐次线性方程组的非零解：

$$(3\boldsymbol{I}_2-\boldsymbol{A})\vec{\eta}=\vec{0}$$

即方程组

$$\begin{cases}2x_1-2x_2=0\\ 4x_1-4x_2=0\end{cases}$$

故特征值 3 所对应的所有特征向量可以写成 $k(1,1)^{\mathrm{T}}$，其中 $k\neq 0\in\mathbb{F}$。同理，可以求得特征值 5 所对应的所有特征向量可以写成 $k(1,2)^{\mathrm{T}}$，其中 $k\neq 0\in\mathbb{F}$。故知矩阵

$$\boldsymbol{P}=\begin{pmatrix}1 & 1\\ 1 & 2\end{pmatrix}$$

满足 $\boldsymbol{P}^{-1}\boldsymbol{A}\boldsymbol{P}=\mathrm{diag}(3,5)$。不难求得 $\boldsymbol{P}^{-1}=\begin{pmatrix}2 & -1\\ -1 & 1\end{pmatrix}$。因此，

$$\boldsymbol{A}^n=\boldsymbol{P}\cdot\mathrm{diag}(3^n,5^n)\cdot\boldsymbol{P}^{-1}=\begin{pmatrix}2\cdot 3^n-5^n & -3^n+5^n\\ 2\cdot 3^n-2\cdot 5^n & -3^n+2\cdot 5^n\end{pmatrix}$$

例子 7.2.2 已知三阶矩阵 $\boldsymbol{A}$ 的三个特征值为 1,2,3，分别对应的特征向量为 $\vec{\xi}_1=(1,1,1)^{\mathrm{T}},\vec{\xi}_2=(1,2,4)^{\mathrm{T}},\vec{\xi}_3=(1,3,9)^{\mathrm{T}}$。求 $\boldsymbol{A}^n\vec{x}$，其中向量 $\vec{x}=(1,1,3)^{\mathrm{T}}$。

解 解法 1。矩阵 $\boldsymbol{A}$ 有三个互异特征值，因此可以对角化。令 $\boldsymbol{P}=(\vec{\xi}_1,\vec{\xi}_2,\vec{\xi}_3)$，则有 $\boldsymbol{P}^{-1}\boldsymbol{A}\boldsymbol{P}=\mathrm{diag}(1,2,3)=\boldsymbol{D}$，即 $\boldsymbol{A}=\boldsymbol{P}\boldsymbol{D}\boldsymbol{P}^{-1}$，从而 $\boldsymbol{A}^n\vec{x}=\boldsymbol{P}\boldsymbol{D}^n\boldsymbol{P}^{-1}\vec{x}=(2-2^{n+1}+3^n,2-2^{n+2}+3^{n+1},2-2^{n+3}+3^{n+2})^{\mathrm{T}}$。

解法 2。$\vec{\xi}_1,\vec{\xi}_2,\vec{\xi}_3$ 为对应于不同特征值的特征向量，因此线性无关，构成三维空间中的一组基。我们可以将向量 $\vec{x}$ 表示成 $\vec{\xi}_1,\vec{\xi}_2,\vec{\xi}_3$ 线性组合的形式，且表示方式唯一。不难验证，$\vec{x}=2\vec{\xi}_1-2\vec{\xi}_2+\vec{\xi}_3$。代入得 $\boldsymbol{A}^n\vec{x}=\boldsymbol{A}^n(2\vec{\xi}_1-2\vec{\xi}_2+\vec{\xi}_3)=2\cdot 1^n\cdot\vec{\xi}_1-2\cdot 2^n\cdot\vec{\xi}_2+3^n\cdot\vec{\xi}_3=(2-2^{n+1}+3^n,2-2^{n+2}+3^{n+1},2-2^{n+3}+3^{n+2})^{\mathrm{T}}$。相比解法 1，解法 2 的计算量要小很多。

7.3 广义特征向量 *

并不是所有 n 阶方阵通过相似变换都可以对角化的。下面就有一个简单例子。

例子 7.3.1 考察矩阵 $\boldsymbol{A}=\begin{pmatrix}1&0\\1&1\end{pmatrix}$。显然它的特征多项式 $\det(\lambda\boldsymbol{I}-\boldsymbol{A})=(\lambda-1)^2$ 在实数域上有一个二重特征值 $\lambda_{1,2}=1$。而对应特征子空间 $\{(0,k)^{\mathrm{T}}|k\in\mathbb{R},k\neq 0\}$ 为一维空间，这说明该矩阵的代数重数严格大于它的几何重数，因此矩阵 A 不能对角化。

从例子 7.3.1 不难看出，矩阵 $\boldsymbol{A}$ 不能够对角化的最主要原因就是找不到足够多的线性无关的特征向量，使之构成线性空间中的一组基。这也提示我们需要进一步扩充关于特征向量的定义，从而有可能找到足够多的满足要求的线性无关向量。

定义 7.3.1 给定数域 $\mathbb{F}$ 上 n 阶方阵 $\boldsymbol{A}$，若存在 $\lambda\in\mathbb{F}$，非零向量 $\vec{\eta}\in\mathbb{F}^n$，以及正整数 m，满足 $(\lambda\boldsymbol{I}-\boldsymbol{A})^m\vec{\eta}=\vec{0}$，则称 $\vec{\eta}$ 为属于特征值 λ 的**广义特征向量**，称满足上式的最小正整数 m 为 $\vec{\eta}$ 的**指数**。

显而易见，广义特征向量是特征向量的推广。一方面，特征向量对应于指数为 1 的广义特征向量；另一方面，若有 $(\lambda\boldsymbol{I}-\boldsymbol{A})^m\vec{\eta}=\vec{0}$，则 λ 为矩阵 $\boldsymbol{A}$ 的一个特征值，这是因为 $(\lambda\boldsymbol{I}-A)[(\lambda\boldsymbol{I}-A)^{m-1}\vec{\eta}]=\vec{0}$。

事实上，广义特征向量根据它的指数组成一条链：

$$\vec{\eta}\to(\lambda\boldsymbol{I}-\boldsymbol{A})\vec{\eta}\to(\lambda\boldsymbol{I}-\boldsymbol{A})^2\vec{\eta}\to\cdots\to(\lambda\boldsymbol{I}-\boldsymbol{A})^m\vec{\eta}\to\cdots$$

那么上述过程能否产生出我们所需要的线性无关向量组呢？我们将目光转到核空间的研究上。

定义 7.3.2 给定数域 $\mathbb{F}$ 上 n 阶方阵 $\boldsymbol{A}$，设 $\lambda\in\mathbb{F}$ 为矩阵 $\boldsymbol{A}$ 的特征值，称集合

$$\sum_{m=1}^{\infty}\ker(\lambda\boldsymbol{I}-\boldsymbol{A})^m=\left\{\vec{\eta}\mid\exists m\in\mathbb{N}^+,\ \text{s.t.}(\lambda\boldsymbol{I}-\boldsymbol{A})^m\vec{\eta}=\vec{0}\right\}$$

为矩阵 A 属于特征值 λ 的**根子空间**。显然，根子空间是由那些广义特征向量加上零向量所组成的线性空间。

一个简单的事实是，若两个正整数 $m<n$，则 $\ker(\lambda\boldsymbol{I}-\boldsymbol{A})^m\subset\ker(\lambda\boldsymbol{I}-\boldsymbol{A})^n$。也就是说随着指数的增大，根子空间也在不断扩大。当然，这个扩大不是无限的。我们可以给出一个上界。

命题 7.3.1 给定数域 $\mathbb{F}$ 上 n 阶方阵 $\boldsymbol{A}$，设 $\vec{\eta}$ 为矩阵 $\boldsymbol{A}$ 属于特征值 λ 的指数为 m 的特征值，则向量组 $\vec{\eta},(\lambda\boldsymbol{I}-\boldsymbol{A})\vec{\eta},\cdots,(\lambda\boldsymbol{I}-\boldsymbol{A})^{m-1}\vec{\eta}$ 线性无关。

证明 考虑 $k_0\vec{\eta}+k_1(\lambda\boldsymbol{I}-\boldsymbol{A})\vec{\eta}+\cdots+k_{m-1}(\lambda\boldsymbol{I}-\boldsymbol{A})^{m-1}\vec{\eta}=\vec{0}$。首先在上式两端分别乘以 $(\lambda\boldsymbol{I}-\boldsymbol{A})^{m-1}$，由于 $(\lambda\boldsymbol{I}-\boldsymbol{A})^m\vec{\eta}=\vec{0}$，得到 $k_0(\lambda\boldsymbol{I}-\boldsymbol{A})^{m-1}\vec{\eta}=\vec{0}$，显然 $(\lambda\boldsymbol{I}-\boldsymbol{A})^{m-1}\vec{\eta}\neq\vec{0}$（否则 $\vec{\eta}$ 为指数 $m-1$ 的广义特征向量，与假设矛盾），因此 $k_0=0$。其次，继续在等式两端乘以 $(\lambda\boldsymbol{I}-\boldsymbol{A})^{m-2}$，依据相同的逻辑，得到 $k_1=0$。重复此过程，直到证明 $k_0=k_1=\cdots=k_{m-1}=0$，这说明向量组 $\vec{\eta},(\lambda\boldsymbol{I}-\boldsymbol{A})\vec{\eta},\cdots,(\lambda\boldsymbol{I}-\boldsymbol{A})^{m-1}\vec{\eta}$ 线性无关。 □

这个定理的含义很容易理解，如果一个指数较高的广义特征值可以被指数较低的广义特征值线性组合出来，那它怎么可能会有更高的指数呢？

命题 7.3.2 给定数域 $\mathbb{F}$ 上 n 阶方阵 $\boldsymbol{A}$，设 $\lambda \in \mathbb{F}$ 为矩阵 $\boldsymbol{A}$ 的特征值，则属于特征值 λ 的根子空间等于 $\ker(\lambda\boldsymbol{I}-\boldsymbol{A})^n$。

证明 根据上面命题，向量组 $\vec{\eta},(\lambda\boldsymbol{I}-\boldsymbol{A})\vec{\eta},\cdots,(\lambda\boldsymbol{I}-\boldsymbol{A})^{m-1}\vec{\eta}$ 线性无关，因此显然有 $m \leqslant n$。再由核空间 $\ker(\lambda\boldsymbol{I}-\boldsymbol{A})^m$ 的单调包含关系，可知特征值 λ_i 的根子空间的上界为 $\ker(\lambda\boldsymbol{I}-\boldsymbol{A})^n$。 □

定理 7.3.1 对应于不同特征值的广义特征向量线性无关。

证明 先考虑矩阵 $\boldsymbol{A}$ 有两个不同特征值 $\lambda_1 \neq \lambda_2$，相应广义特征向量是指数为 m_1 的 $\vec{\eta}_1$ 和指数为 m_2 的 $\vec{\eta}_2$，因此 $(\lambda_1\boldsymbol{I}-\boldsymbol{A})^{m_1}\vec{\eta}_1=(\lambda_2\boldsymbol{I}-\boldsymbol{A})^{m_2}\vec{\eta}_2=\vec{0}$。下面对指数使用归纳法证明 $\vec{\eta}_1$ 和 $\vec{\eta}_2$ 线性无关。

当 $m_1=m_2=1$ 时，广义特征向量退化为特征向量，因此 $\vec{\eta}_1$ 和 $\vec{\eta}_2$ 线性无关。假设 $m_1=t$，$m_2=s$ 时，命题成立，下面证明当 $m_1=t+1$，$m_2=s$ 时命题也成立。由此我们可以根据归纳法得到对于指数 m_1,m_2 为任意的正整数，$\vec{\eta}_1$ 和 $\vec{\eta}_2$ 也都线性无关。

考虑 $k_1\vec{\eta}_1+k_2\vec{\eta}_2=\vec{0}$。等式两端同时左乘 $\lambda_1\boldsymbol{I}-\boldsymbol{A}$，并记 $\vec{u}_1=(\lambda_1\boldsymbol{I}-\boldsymbol{A})\vec{\eta}_1$，$\vec{u}_2=(\lambda_1\boldsymbol{I}-\boldsymbol{A})\vec{\eta}_2$，得到 $k_1\vec{u}_1+k_2\vec{u}_2=\vec{0}$。因为 $\vec{\eta}_1,\vec{\eta}_2$ 不是 λ_1 对应的特征向量，所以 $\vec{u}_1,\vec{u}_2$ 均为非零向量。显然 $(\lambda_1\boldsymbol{I}-\boldsymbol{A})^t\vec{u}_1=\vec{0}$，又因为 $\lambda_1\boldsymbol{I}-\boldsymbol{A}$ 和 $\lambda_2\boldsymbol{I}-\boldsymbol{A}$ 可交换，所以 $(\lambda_2\boldsymbol{I}-\boldsymbol{A})^s\vec{u}_2=\vec{0}$。这说明 $\vec{u}_1,\vec{u}_2$ 分别为特征值 λ_1 和 λ_2 所对应的、指数为 t 和 s 的广义特征向量。由归纳假设知道这两个向量线性无关，故 $k_1=k_2=0$，这说明 $\vec{\eta}_1$ 和 $\vec{\eta}_2$ 也线性无关。因此命题得证。

同理，不难将上述关于两个广义特征向量线性无关的证明推广到多个广义特征向量的情形。 □

命题 7.3.3 给定复数域上 n 阶方阵 $\boldsymbol{A}$，设 $\boldsymbol{A}$ 的特征多项式为 $(\lambda_1-\lambda)^{n_1}\cdots(\lambda_s-\lambda)^{n_s}$，其中 $\lambda_1,\cdots,\lambda_s \in \mathbb{C}$ 为矩阵 $\boldsymbol{A}$ 的 s 个两两互不相同的特征值，$n_1,\cdots,n_s$ 为这些特征值相应的代数重数，则有直和分解 $\mathbb{C}^n=\ker(\lambda_1\boldsymbol{I}-\boldsymbol{A})^{n_1}\oplus\cdots\oplus\ker(\lambda_s\boldsymbol{I}-\boldsymbol{A})^{n_s}$。

7.4 若当标准型 *

虽然一般而言，n 阶方阵并不是总能够相似对角化，但是我们还是可以尽力将其转化为与主对角矩阵非常接近的块对角矩阵形式，这就是若当标准型。

定义 7.4.1 形如 $\boldsymbol{J}_\lambda=\begin{pmatrix}\lambda & 0 & 0 & \cdots & 0\\ 1 & \lambda & 0 & \cdots & 0\\ 0 & 1 & \lambda & \cdots & 0\\ \vdots & \vdots & \vdots & & \vdots\\ 0 & \cdots & 0 & 1 & \lambda\end{pmatrix}$ 的 $n\times n$ 矩阵，称为**若当块矩阵**。

定义 7.4.2 设 $\boldsymbol{J}_{\lambda,i}(1\leqslant i\leqslant m)$ 均为若当块矩阵，则形如

$$\begin{pmatrix} \boldsymbol{J}_{\lambda,1} & 0 & 0 & \cdots & 0 \\ 0 & \boldsymbol{J}_{\lambda,2} & 0 & \cdots & 0 \\ \vdots & \vdots & \vdots & & \vdots \\ 0 & 0 & \cdots & 0 & \boldsymbol{J}_{\lambda,m} \end{pmatrix}$$

的 $n \times n$ 分块矩阵，称为**若当标准型**。

不难看出，若当块矩阵是主对角线上元素均为 λ，次对角线上元素均为 1，其他元素均为 0 的下三角矩阵；而若当标准型是主对角线上为任意元素，下方次对角线上元素为 1 或 0 的下三角矩阵。

下面我们不加证明地给出关于复数域上矩阵通过相似变换实现块对角化，转化为若当标准型的一般结论。有兴趣的读者可以参考相关书籍自行补充证明。显而易见，一个矩阵可以相似对角化是该矩阵可以若当块对角化的特例。

定理 7.4.1 矩阵 $\boldsymbol{A}$ 为复数域上 n 阶方阵，设 $\boldsymbol{A}$ 的特征多项式为 $(\lambda_1\boldsymbol{I}-\boldsymbol{A})^{n_1}\cdots(\lambda_s\boldsymbol{I}-\boldsymbol{A})^{n_s}$，其中 $\lambda_1,\cdots,\lambda_s \in \mathbb{C}$ 为矩阵 $\boldsymbol{A}$ 的 s 个两两互不相同的特征值，$n_1,\cdots,n_s$ 为这些特征值相应的代数重数，则矩阵 $\boldsymbol{A}$ 相似于若当标准型 $\boldsymbol{A} = \mathrm{diag}(\boldsymbol{J}_1,\cdots,\boldsymbol{J}_s)$，其中 $\boldsymbol{J}_i$ $(1 \leqslant i \leqslant s)$ 为复数域上 $n_i \times n_i$ 矩阵，且有 $\boldsymbol{J}_i = \mathrm{diag}(\boldsymbol{J}_{i,1},\cdots,\boldsymbol{J}_{i,m_i})$，$m_i$ 为特征值 λ_i 的几何重数。特别地，

$$\boldsymbol{J}_{i,j} = \begin{pmatrix} \lambda_i & 0 & 0 & \cdots & 0 \\ 1 & \lambda_i & 0 & \cdots & 0 \\ 0 & 1 & \lambda_i & \cdots & 0 \\ \vdots & \vdots & \vdots & & \vdots \\ 0 & \cdots & 0 & 1 & \lambda_i \end{pmatrix}$$

为若当块矩阵。更进一步，若当标准型在不记若当块矩阵排列顺序的前提下是唯一的。

7.5 练习

练习 7.5.1 计算如下矩阵的特征值和特征向量：

(1) $\begin{pmatrix} 0 & 1 \\ -2 & 3 \end{pmatrix}$；

(2) $\begin{pmatrix} 0 & 1 & 2 \\ 1 & 0 & 1 \\ 2 & 1 & 0 \end{pmatrix}$；

(3) $\begin{pmatrix} -1 & -2 & 6 \\ -2 & -1 & 6 \\ -1 & -4 & 8 \end{pmatrix}$。

练习 7.5.2 若 $\boldsymbol{A} = \begin{pmatrix} 0 & 1 \\ -2 & 3 \end{pmatrix}$，求 $\boldsymbol{A}^{100}$。

练习 7.5.3 矩阵 $\begin{pmatrix} a & b \\ c & d \end{pmatrix}$ 与 $\begin{pmatrix} d & b \\ c & a \end{pmatrix}$ 是否相似？请说明理由。

练习 7.5.4 证明若方阵 $\boldsymbol{A}, \boldsymbol{B}$ 满足 $\boldsymbol{AB} - \boldsymbol{BA} = \boldsymbol{A}$, 则 $\boldsymbol{A}$ 不可逆。

练习 7.5.5 设 $\boldsymbol{A} = \begin{pmatrix} a & b \\ c & d \end{pmatrix}$。证明 $\boldsymbol{A}$ 的特征多项式就是 $\lambda^2 - (a+d)\lambda + (ad - bc)$。

练习 7.5.6 证明矩阵 $\boldsymbol{A}$ 和 $\boldsymbol{A}^{\mathrm{T}}$ 具有相同的特征多项式和相同的特征值。

练习 7.5.7 证明可逆矩阵的特征值一定不等于 0。

练习 7.5.8 证明不可逆矩阵的充分必要条件是这个矩阵至少有一个特征值等于 0。

练习 7.5.9 证明如果 n 阶矩阵 $\boldsymbol{A}^k = 0$，其中 k 为正整数，则 $\boldsymbol{A}$ 的特征值均为 0。

练习 7.5.10 证明矩阵 $\boldsymbol{AB}$ 和 $\boldsymbol{BA}$ 具有相同的非零特征值，其中 $\boldsymbol{A}, \boldsymbol{B}$ 分别为数域 $\mathbb{F}$ 上的 $n \times m$ 矩阵和 $m \times n$ 矩阵。

练习 7.5.11 证明矩阵 $\boldsymbol{A}$ 任意特征值的代数重数都大于等于它的几何重数。

练习 7.5.12 假设矩阵 $\boldsymbol{A} = \begin{pmatrix} 3 & 2 & -2 \\ -k & 1 & k \\ 4 & k & -3 \end{pmatrix}$ 有特征值 0，那么 $\boldsymbol{A}$ 能否对角化？

练习 7.5.13 设 $\boldsymbol{A}$ 为 n 阶对称矩阵，$\boldsymbol{P}$ 为 n 阶可逆矩阵。已知矩阵 $\boldsymbol{A}$ 对应于特征值 λ 的特征向量为 $\vec{\eta}$，求矩阵 $(\boldsymbol{P}^{-1}\boldsymbol{AP})^{\mathrm{T}}$ 对应于特征值 λ 的特征向量。

练习 7.5.14 若 n 阶矩阵 $\boldsymbol{A}$ 和矩阵 $\boldsymbol{B}$ 满足 $\operatorname{rank}(\boldsymbol{A}) + \operatorname{rank}(\boldsymbol{B}) < n$，证明矩阵 $\boldsymbol{A}$ 和 $\boldsymbol{B}$ 具有共同的特征值和特征向量。

练习 7.5.15 已知非零行向量 $\vec{a} = (a_1, a_2, \cdots, a_n)$，矩阵 $\boldsymbol{A} = \vec{a}^{\mathrm{T}}\vec{a}$。

(1) 证明 0 是矩阵 $\boldsymbol{A}$ 的 $n-1$ 重特征值；

(2) 求 $\boldsymbol{A}$ 的非零特征值和 n 个线性无关特征向量。

练习 7.5.16 证明 n 阶矩阵 $\boldsymbol{A}$ 的特征多项式的首项系数为 1，$n-1$ 阶项系数为 $-\operatorname{tr}(\boldsymbol{A})$，常数项系数为 $(-1)^n \det(\boldsymbol{A})$。

练习 7.5.17 设 $\boldsymbol{A}, \boldsymbol{B}$ 为方阵，若 $\boldsymbol{A}, \boldsymbol{B}$ 可同时被一个可逆矩阵 $\boldsymbol{P}$ 对角化，证明 $\boldsymbol{AB} = \boldsymbol{BA}$。

练习 7.5.18 设 $\boldsymbol{A} = \begin{pmatrix} 1 & 1 & 0 & 0 \\ 0 & 1 & 1 & 0 \\ 0 & 0 & 1 & 0 \\ 0 & 0 & 0 & 1 \end{pmatrix}$，试求 $\boldsymbol{A}$ 的全部特征值和广义特征向量。

练习 7.5.19 已知 $T: V \to V$ 是数域 $\mathbb{F}$ 上线性空间 V 到自身的线性映射。设 $\lambda \in \mathbb{F}$，若存在 $v \in V$ 满足 $Tv = \lambda v$，则称 λ 是 T 的一个**特征值**，v 是关于 λ 的一个**特征向量**。试讨论如此定义的特征值（特征向量）与定义 7.2.1 中矩阵的特征值（特征向量）之间的关系。

8 二次型

8.1 合同关系

定义 8.1.1 若两个 n 阶方阵 $\boldsymbol{A}$ 和 $\boldsymbol{B}$ 之间，存在可逆矩阵 $\boldsymbol{P}$，满足 $\boldsymbol{B}=\boldsymbol{P}^{\mathrm{T}}\boldsymbol{A}\boldsymbol{P}$，则称矩阵 $\boldsymbol{A}$ 和 $\boldsymbol{B}$ 合同，记为 $\boldsymbol{A}\simeq\boldsymbol{B}$。

注记 8.1.1 不难验证，类似于相似关系，矩阵的合同同样定义了矩阵之间的一个等价关系，即满足自反性 ($\boldsymbol{A}\simeq\boldsymbol{A}$)，对称性 ($\boldsymbol{A}\simeq\boldsymbol{B}\Rightarrow\boldsymbol{B}\simeq\boldsymbol{A}$) 和传递性 ($\boldsymbol{A}\simeq\boldsymbol{B},\boldsymbol{B}\simeq\boldsymbol{C}\Rightarrow\boldsymbol{A}\simeq\boldsymbol{C}$)。因此，我们可以根据合同关系将矩阵进行分类。本书中，我们特别关注那些和主对角矩阵合同的矩阵。

命题 8.1.1 若 $\boldsymbol{A}\simeq\boldsymbol{B}$，则有

(1) $\boldsymbol{A}^{\mathrm{T}}\simeq\boldsymbol{B}^{\mathrm{T}}$;

(2) $\operatorname{rank}(\boldsymbol{A})=\operatorname{rank}(\boldsymbol{B})$;

(3) 矩阵 $\boldsymbol{A}$ 和 $\boldsymbol{B}$ 同时为可逆（不可逆）矩阵，且若它们可逆，有 $\boldsymbol{A}^{-1}\simeq\boldsymbol{B}^{-1}$。

证明 (1) $\boldsymbol{A}^{\mathrm{T}}=(\boldsymbol{P}^{\mathrm{T}}\boldsymbol{B}\boldsymbol{P})^{\mathrm{T}}=\boldsymbol{P}^{\mathrm{T}}\boldsymbol{B}^{\mathrm{T}}\boldsymbol{P}$。

(2) $\operatorname{rank}(\boldsymbol{A})=\operatorname{rank}(\boldsymbol{P}^{\mathrm{T}}\boldsymbol{B}\boldsymbol{P})=\operatorname{rank}(\boldsymbol{B}\boldsymbol{P})=\operatorname{rank}(\boldsymbol{B})$。

(3) 因为一个矩阵可逆的充要条件是它为满秩矩阵，所以根据性质 (2) 即得它们同时可逆或不可逆。更进一步，$\boldsymbol{A}^{-1}=(\boldsymbol{P}^{\mathrm{T}}\boldsymbol{B}\boldsymbol{P})^{-1}=\boldsymbol{P}^{-1}\boldsymbol{B}^{-1}(\boldsymbol{P}^{-1})^{\mathrm{T}}$，这说明若两个矩阵可逆，则它们的逆矩阵也合同。 □

那么，什么样的矩阵可以合同于对角矩阵呢？事实上我们有如下结论。

定理 8.1.1 数域 $\mathbb{F}$ 上的任意对称矩阵都合同于一个对角矩阵。

证明 设 $\boldsymbol{A}$ 是 $n\times n$ 的对称矩阵。假设

$$\boldsymbol{A}=\begin{pmatrix} a_{11} & \vec{b} \\ \vec{b}^{\mathrm{T}} & \tilde{\boldsymbol{A}} \end{pmatrix}$$

其中，$a_{11}\in\mathbb{F}$，$\tilde{\boldsymbol{A}}$ 是 $n-1$ 阶的对称方阵。我们用归纳法来证明。当 $n=1$ 时，命题显然成立。假设 $n=k$ 时，命题成立。下面讨论当 $n=k+1$ 时的情况。

(1) $a_{11}\neq 0$。将矩阵 $\boldsymbol{A}$ 写成分块形式（分块矩阵的计算法则和一般矩阵类似，读者可自行验证），并做初等行/列变换。

$$\begin{aligned}\boldsymbol{B}&=\begin{pmatrix} 1 & \vec{0} \\ -a_{11}^{-1}\vec{b}^{\mathrm{T}} & \boldsymbol{I}_k \end{pmatrix}\boldsymbol{A}\begin{pmatrix} 1 & -a_{11}^{-1}\vec{b} \\ \vec{0}^{\mathrm{T}} & \boldsymbol{I}_k \end{pmatrix}\\ &=\begin{pmatrix} 1 & \vec{0} \\ -a_{11}^{-1}\vec{b}^{\mathrm{T}} & \boldsymbol{I}_k \end{pmatrix}\begin{pmatrix} a_{11} & \vec{b} \\ \vec{b}^{\mathrm{T}} & \tilde{\boldsymbol{A}} \end{pmatrix}\begin{pmatrix} 1 & -a_{11}^{-1}\vec{b} \\ \vec{0}^{\mathrm{T}} & \boldsymbol{I}_k \end{pmatrix}\end{aligned}$$

$$= \begin{pmatrix} a_{11} & \vec{0} \\ \vec{0}^{\mathrm{T}} & \tilde{\boldsymbol{A}} - a_{11}^{-1}\vec{b}^{\mathrm{T}}\vec{b} \end{pmatrix}$$

由此可知矩阵 $\boldsymbol{B}$ 和矩阵 $\boldsymbol{A}$ 合同。根据假设，存在可逆矩阵 $\boldsymbol{C}$ 使得 $\boldsymbol{C}^{\mathrm{T}}(\tilde{\boldsymbol{A}}-a_{11}^{-1}\vec{b}^{\mathrm{T}}\vec{b})\boldsymbol{C} = \boldsymbol{D}_k$，其中 $\boldsymbol{D}_k$ 为 k 阶对角矩阵。从而

$$\begin{pmatrix} 1 & \vec{0} \\ \vec{0}^{\mathrm{T}} & \boldsymbol{C}^{\mathrm{T}} \end{pmatrix} \boldsymbol{B} \begin{pmatrix} 1 & \vec{0} \\ \vec{0}^{\mathrm{T}} & \boldsymbol{C} \end{pmatrix} = \begin{pmatrix} a_{11} & \vec{0} \\ \vec{0}^{\mathrm{T}} & \boldsymbol{D}_k \end{pmatrix}$$

这说明矩阵 $\boldsymbol{A}$ 合同于对角矩阵。

(2) $a_{11} = 0$，且存在 $a_{ii} \neq 0$。此时将矩阵第 1 行和第 i 行互换，第 1 列和第 i 列互换，新的矩阵的 $a_{11} = a_{ii}$，且与之前矩阵合同。再根据情形 (1)，知道此矩阵合同于对角矩阵，因此命题成立。

(3) $a_{ii} = 0$，$\forall 1 \leqslant i \leqslant n$，且存在 $a_{ij} \neq 0$。将矩阵第 j 行加到第 i 行，再将矩阵第 j 列加到第 i 列，则新的矩阵 $a_{ii} = 2a_{ij}$，且与之前矩阵合同。再根据情形 (2)，知道此矩阵合同于对角矩阵，因此命题成立。

(4) 若所有 $a_{ij} = 0$，则矩阵 $\boldsymbol{A}$ 为零矩阵，即为对角矩阵，命题显然成立。证毕。 □

既然任意对称矩阵都合同于一个对角矩阵，我们就可以采用成对初等行列变换法来完成它在合同变换下的对角化，即对目标对称矩阵施加成对的初等行、列变换，不断消去每行/列中非主对角线上元素，直至目标矩阵化为对角矩阵。

例子 8.1.1 设

$$\boldsymbol{A} = \begin{pmatrix} 1 & 0 & 1 \\ 0 & 1 & 1 \\ 1 & 1 & 0 \end{pmatrix}$$

我们采用成对的初等行列变换将 $\boldsymbol{A}$ 合同到一个对角矩阵。

$$\begin{pmatrix} 1 & 0 & 1 \\ 0 & 1 & 1 \\ 1 & 1 & 0 \end{pmatrix} \qquad \vec{r}_3 \to \vec{r}_3 - \vec{r}_1$$

$$\downarrow$$

$$\begin{pmatrix} 1 & 0 & 1 \\ 0 & 1 & 1 \\ 0 & 1 & -1 \end{pmatrix} \qquad \vec{c}_3 \to \vec{c}_3 - \vec{c}_1$$

$$\downarrow$$

$$\begin{pmatrix} 1 & 0 & 0 \\ 0 & 1 & 1 \\ 0 & 1 & -1 \end{pmatrix} \qquad \vec{r}_3 \to \vec{r}_3 - \vec{r}_2,\ \vec{c}_3 \to \vec{c}_3 - \vec{c}_2$$

$$\downarrow$$

$$\begin{pmatrix} 1 & 0 & 0 \\ 0 & 1 & 0 \\ 0 & 0 & -2 \end{pmatrix}$$

故矩阵 $\boldsymbol{A}$ 合同到对角矩阵

$$\boldsymbol{D} = \begin{pmatrix} 1 & 0 & 0 \\ 0 & 1 & 0 \\ 0 & 0 & -2 \end{pmatrix}$$

因为成对初等行列变换对应到初等矩阵，故我们可以仅用上述过程中出现的列变换所对应的初等矩阵得出可逆矩阵 $\boldsymbol{P}$，使得 $\boldsymbol{PAP}^T = \boldsymbol{D}$。写出 P 的过程如下：

$$\begin{pmatrix} 1 & 0 & 0 \\ 0 & 1 & 0 \\ 0 & 0 & 1 \end{pmatrix} \qquad \vec{c}_3 \to \vec{c}_3 - \vec{c}_1$$

$$\downarrow$$

$$\begin{pmatrix} 1 & 0 & -1 \\ 0 & 1 & 0 \\ 0 & 0 & 1 \end{pmatrix} \qquad \vec{c}_3 \to \vec{c}_3 - \vec{c}_2$$

$$\downarrow$$

$$\begin{pmatrix} 1 & 0 & -1 \\ 0 & 1 & -1 \\ 0 & 0 & 1 \end{pmatrix}$$

故有

$$\boldsymbol{P} = \begin{pmatrix} 1 & 0 & -1 \\ 0 & 1 & -1 \\ 0 & 0 & 1 \end{pmatrix}$$

8.2 二次型的基本概念

定义 8.2.1 称系数在数域 $\mathbb{F}$ 上的包含 n 个变元 $x_1, \cdots, x_n$ 的二次齐次多项式

$$f(x_1,\cdots,x_n)=\sum_{i,j=1}^{n}a_{ij}x_ix_j=\sum_{i=1}^{n}a_{ii}x_i^2+\sum_{1\leqslant i<j\leqslant n}2a_{ij}x_ix_j$$

为一个 **n 元二次型**。

注记 8.2.1 引入向量 $\vec{x}=(x_1,\cdots,x_n)^{\mathrm{T}}$ 及对称矩阵 $\boldsymbol{A}=(a_{ij})$，则 n 元二次型可以写成紧凑形式 $f(\vec{x})=\vec{x}^{\mathrm{T}}\boldsymbol{A}\vec{x}$，称矩阵 $\boldsymbol{A}$ 为 n 元二次型的系数矩阵。

下面我们来研究两个二次型之间的关系。

定义 8.2.2 称两个二次型 $\vec{x}^{\mathrm{T}}\boldsymbol{A}\vec{x}$ 和 $\vec{y}^{\mathrm{T}}\boldsymbol{B}\vec{y}$ 等价，如果存在一个 n 阶可逆矩阵 $\boldsymbol{C}$，满足 $\vec{x}=\boldsymbol{C}\vec{y}$ 且 $\vec{x}^{\mathrm{T}}\boldsymbol{A}\vec{x}=\vec{y}^{\mathrm{T}}\boldsymbol{B}\vec{y}$。特别地，若一个二次型等价于一个只含有平方项的二次型，则称后者为该二次型的一个**标准型**。

注意，二次型的标准型不是唯一的。

命题 8.2.1 两个二次型 $\vec{x}^{\mathrm{T}}\boldsymbol{A}\vec{x}$ 和 $\vec{y}^{\mathrm{T}}\boldsymbol{B}\vec{y}$ 等价当且仅当系数矩阵 $\boldsymbol{A}$ 与 $\boldsymbol{B}$ 合同。

证明 两个二次型 $\vec{x}^{\mathrm{T}}\boldsymbol{A}\vec{x}$ 和 $\vec{y}^{\mathrm{T}}\boldsymbol{B}\vec{y}$ 等价

$\Leftrightarrow$ 存在一个 n 级可逆矩阵 $\boldsymbol{C}$，满足 $\vec{x}=\boldsymbol{C}\vec{y}$ 且 $\vec{x}^{\mathrm{T}}\boldsymbol{A}\vec{x}=\vec{y}^{\mathrm{T}}\boldsymbol{B}\vec{y}$

$\Leftrightarrow$ 存在一个 n 级可逆矩阵 $\boldsymbol{C}$，满足 $(\boldsymbol{C}\vec{y})^{\mathrm{T}}\boldsymbol{A}(\boldsymbol{C}\vec{y})=\vec{y}^{\mathrm{T}}(\boldsymbol{C}^{\mathrm{T}}\boldsymbol{A}\boldsymbol{C})\vec{y}=\vec{y}^{\mathrm{T}}\boldsymbol{B}\vec{y}$

$\Leftrightarrow$ 存在一个 n 级可逆矩阵 $\boldsymbol{C}$，满足 $\boldsymbol{B}=\boldsymbol{C}^{\mathrm{T}}\boldsymbol{A}\boldsymbol{C}$

$\Leftrightarrow$ 矩阵 $\boldsymbol{A}$ 与 $\boldsymbol{B}$ 合同。 □

命题 8.2.2 数域 $\mathbb{F}$ 上的 n 元二次型都等价于一个标准型。

证明 该结论可由定理 8.1.1 推得。 □

例子 8.2.1 设

$$\boldsymbol{A}=\begin{pmatrix}1&0&1\\0&1&1\\1&1&0\end{pmatrix}$$

根据定义，我们有

$$f(x_1,x_2,x_3)=\vec{x}^{\mathrm{T}}\boldsymbol{A}\vec{x}=x_1^2+x_2^2+2x_1x_3+2x_2x_3$$

就是 $\boldsymbol{A}$ 所对应的二次型。由例子 8.1.1 知道该二次型的一个标准型为

$$f(y_1,y_2,y_3)=y_1^2+y_2^2-2y_3^2$$

例子 8.2.2 关于例子 8.2.1，我们再介绍另一种方法（配方法），过程如下：

$$\begin{aligned}f(x_1,x_2,x_3)&=x_1^2+x_2^2+2x_1x_3+2x_2x_3\\&=x_1^2+2x_1x_3+x_2^2+2x_2x_3\\&=x_1^2+2x_1x_3+x_3^2-x_3^2+x_2^2+2x_2x_3\\&=(x_1+x_3)^2-x_3^2+x_2^2+2x_2x_3\\&=(x_1+x_3)^2+x_2^2+2x_2x_3+x_3^2-2x_3^2\end{aligned}$$

$$
\begin{aligned}
&= (x_1+x_3)^2 + (x_2+x_3)^2 - 2x_3^2 \\
&= y_1^2 + y_2^2 - 2y_3^2
\end{aligned}
$$

其中

$$
\begin{cases}
y_1 = x_1 + x_3 \\
y_2 = x_2 + x_3 \\
y_3 = x_3
\end{cases}
$$

该方法第一步将含有 x_1 的加法项全部移到左边。利用平方和公式，将含有 x_1 的项用线性组合的平方表示出来 (该凑项时凑项)。此时，其右边不再含有 x_1 的项，如上述第 2 ~ 4 个等号所示。第二步将含有 x_2 的加法项全部移到 x_1 的线性组合平方项的右边，并利用平方和公式，将含有 x_2 的项用线性组合的平方表示出来，如上述第 5 ~ 6 个等号所示。若二次型有更多的变量，则以此方法类推，直至二次型写成线性组合的平方和。

我们亦可求出矩阵 $\boldsymbol{P}$ 使得 $\vec{x} = \boldsymbol{P}\vec{y}$ 满足

$$
x_1^2 + x_2^2 + 2x_1x_3 + 2x_2x_3 = y_1^2 + y_2^2 - 2y_3^2
$$

由上述 $\vec{y}$ 和 $\vec{x}$ 的表达式知

$$
\begin{cases}
x_1 = y_1 - y_3 \\
x_2 = y_2 - y_3 \\
x_3 = y_3
\end{cases}
$$

故知

$$
\boldsymbol{P} = \begin{pmatrix} 1 & 0 & -1 \\ 0 & 1 & -1 \\ 0 & 0 & 1 \end{pmatrix}
$$

8.3 二次型分类

我们首先考虑复数域上的二次型。

定理 8.3.1 任一在复数域 $\mathbb{C}$ 上的二次型 $\vec{x}^{\mathrm{T}}\boldsymbol{A}\vec{x}$ 都等价于二次型 $x_1^2 + \cdots + x_s^2$，其中 s 为 $\boldsymbol{A}$ 的秩。

证明 由定理 8.1.1 知，任一复数域 $\mathbb{C}$ 上的二次型 $\vec{x}^{\mathrm{T}}\boldsymbol{A}\vec{x}$ 都等价于标准型 $\lambda_1x_1^2 + \cdots + \lambda_nx_n^2$。不妨设 $\lambda_1, \cdots, \lambda_s$ 不为 0，且 $\lambda_{s+1} = \cdots = \lambda_n = 0$。根据坐标变换

$$
y_1 = \sqrt{\lambda_1}x_1, y_2 = \sqrt{\lambda_2}x_2, \cdots, y_s = \sqrt{\lambda_s}x_s, y_{s+1} = x_{s+1}, \cdots, y_n = x_n
$$

我们得到等式

$$
\lambda_1x_1^2 + \cdots + \lambda_nx_n^2 = y_1^2 + \cdots + y_s^2
$$

定理证毕。 □

接下来，我们考虑在实数域上的二次型。

定理 8.3.2 (西尔维斯特定理) 任一在实数域 $\mathbb{R}$ 上的二次型 $\vec{x}^{\mathrm{T}}\boldsymbol{A}\vec{x}$ 都等价于二次型

$$x_1^2+\cdots+x_p^2-x_{p+1}^2-\cdots-x_{p+q}^2$$

其中 $p+q$ 为 $\boldsymbol{A}$ 的秩，称之为二次型 $\vec{x}^{\mathrm{T}}\boldsymbol{A}\vec{x}$ 的**规范型**。二次型的规范型唯一。

证明 由定理 8.1.1 知，任一实数域 $\mathbb{R}$ 上的二次型 $\vec{x}^{\mathrm{T}}\boldsymbol{A}\vec{x}$ 都等价于标准型 $\lambda_1x_1^2+\cdots+\lambda_nx_n^2$。不妨设 $\lambda_1>0,\cdots,\lambda_p>0$ 且 $\lambda_{p+1}<0,\cdots,\lambda_{p+q}<0$，则可以把二次型 $\vec{x}^{\mathrm{T}}\boldsymbol{A}\vec{x}$ 写成：

$$d_1x_1^2+\cdots+d_px_p^2-d_{p+1}x_{p+1}^2-\cdots-d_{p+q}x_{p+q}^2$$

其中

$$d_i=\begin{cases}\lambda_i，\ i=1,2,\cdots,p\\ -\lambda_i，\ i=p+1,p+2,\cdots,p+q\end{cases}$$

注意此时 $d_i>0$。故可取坐标变换

$$y_1=\sqrt{d_1}x_1,y_2=\sqrt{d_2}x_2,\cdots,y_s=\sqrt{d_s}x_{p+q},y_{s+1}=x_{p+q+1},\cdots,y_n=x_n$$

得到二次型 $\vec{x}^{\mathrm{T}}\boldsymbol{A}\vec{x}$ 的规范型。

下面我们证明规范型的唯一性。设二次型 $\vec{x}^{\mathrm{T}}\boldsymbol{A}\vec{x}$ 的秩为 $r=p+q=p'+q'$。设二次型有两种规范型

$$\vec{x}^{\mathrm{T}}\boldsymbol{A}\vec{x}=y_1^2+\cdots+y_p^2-y_{p+1}^2-\cdots-y_{p+q}^2=z_1^2+\cdots+z_{p'}^2-z_{p'+1}^2-\cdots-z_{p'+q'}^2$$

则根据定理 8.1.1 可知，存在可逆矩阵 $\boldsymbol{B}$ 和 $\boldsymbol{C}$，满足 $\vec{y}=\boldsymbol{B}\vec{x}$，$\vec{z}=\boldsymbol{C}\vec{x}$。下面我们证明 $p=p'$。

利用反证法，假设 $p>p'$，由于 $\vec{z}=\boldsymbol{G}\vec{y}$，其中 $\boldsymbol{G}=\boldsymbol{C}\boldsymbol{B}^{-1}$，我们断言可以取到 $\vec{y}=(a_1,\cdots,a_p,0\cdots,0)^{\mathrm{T}}$ 和 $\vec{z}=(0,\cdots,0,b_{p'+1},\cdots,b_{p'+q'})^{\mathrm{T}}$，使得

$$(0,\cdots,0,b_{p'+1},\cdots,b_{p'+q'})^{\mathrm{T}}=\boldsymbol{G}(a_1,\cdots,a_p,0\cdots,0)^{\mathrm{T}}$$

其中 $a_1,\cdots,a_p$ 不全为零。这是因为齐次线性方程组

$$\begin{bmatrix}g_{11}&\cdots&g_{1p}\\ \vdots&&\vdots\\ g_{p'1}&\cdots&g_{p'p}\end{bmatrix}\cdot\begin{bmatrix}a_1\\ \vdots\\ a_p\end{bmatrix}=\begin{bmatrix}0\\ \vdots\\ 0\end{bmatrix}$$

总有非零解。故

$$0<a_1^2+\cdots+a_p^2=-b_{p'+1}^2-\cdots-b_{p'+q'}^2\leqslant 0$$

产生矛盾。 □

注记 8.3.1 西尔维斯特定理通常也称为惯性定理，其中规范型中正平方项数目称为二次型的**正惯性指数**，负平方项数目称为二次型的**负惯性指数**，显然有正、负惯性指数之和等于二次型系数矩阵的秩。

例子 8.3.1 下面我们探讨二次曲面 $f(x,y,z)=d$ 的分类问题（$d\neq 0$），该曲面是由二次型 $f(x,y,z)$ 所定义的曲面。由惯性定理，我们得到 $f(x,y,z)$ 等价于规范型，即我们可以通过规范型对二次曲面进行分类。定义见表 8.1。

表 8.1 二次曲面 $f(x,y,z)=d$ 的分类（$d\neq 0$）

$x^2+y^2+z^2=d$	椭球面
$x^2+y^2-z^2=d$	单叶双曲面
$x^2-y^2-z^2=d$	双叶双曲面
$x^2+y^2=d$	椭圆柱面
$x^2-y^2=d$	双曲柱面

8.4 正定二次型

本节讨论都限制在实数域上。

定义 8.4.1 n 元实二次型 $\vec{x}^{\mathrm{T}}\boldsymbol{A}\vec{x}$ 称为**正定二次型**，如果对于 $\mathbb{R}^n$ 中任意非零向量 $\vec{a}$，均有 $\vec{a}^{\mathrm{T}}\boldsymbol{A}\vec{a}>0$。类似地，如果对于 $\mathbb{R}^n$ 中任意非零向量 $\vec{a}$，均有 $\vec{a}^{\mathrm{T}}\boldsymbol{A}\vec{a}\geqslant 0$，称为**半正定二次型**。

注记 8.4.1 在上述定义中，若将符号反向，则称对应的二次型分别为负定/半负定二次型。

定理 8.4.1 n 元实二次型 $\vec{x}^{\mathrm{T}}\boldsymbol{A}\vec{x}$ 是正定的，当且仅当该二次型的正惯性指数等于 n。

证明 ($\Rightarrow$) 假设二次型 $\vec{x}^{\mathrm{T}}\boldsymbol{A}\vec{x}$ 是正定的，则存在可逆矩阵 $\boldsymbol{C}$ 使得 $\vec{x}^{\mathrm{T}}\boldsymbol{A}\vec{x}=y_1^2+\cdots+y_p^2-y_{p+1}^2-\cdots-y_{p+q}^2$，其中 $\vec{x}=\boldsymbol{C}\vec{y}$。很明显，若 $p<n$，则 y_n^2 的系数为 0 或者 -1。取 $\vec{y}=(0\cdots,0,1)^{\mathrm{T}}$，必有 $\vec{x}=\boldsymbol{C}\vec{y}\neq\vec{0}$，使得 $\vec{x}^{\mathrm{T}}\boldsymbol{A}\vec{x}\leqslant 0$，与正定性矛盾，故有 $p=n$。

($\Leftarrow$) 设二次型的正惯性指数等于 n，任取非零向量 $\vec{x}$，则存在可逆矩阵 $\boldsymbol{C}$，$\vec{y}=\boldsymbol{C}^{-1}\vec{x}\neq\vec{0}$，使得该二次型化为规范性，且有 $\vec{x}^{\mathrm{T}}\boldsymbol{A}\vec{x}=y_1^2+\cdots+y_n^2>0$。这说明二次型 $\vec{x}^{\mathrm{T}}\boldsymbol{A}\vec{x}$ 是正定的。 □

推论 8.4.1 n 元实二次型 $\vec{x}^{\mathrm{T}}\boldsymbol{A}\vec{x}$ 是正定的，当且仅当系数矩阵 $\boldsymbol{A}$ 合同于单位矩阵 I_n。

推论 8.4.2 正定二次型的系数矩阵的行列式大于零。

证明 $\boldsymbol{A}$ 是正定二次型的系数矩阵，故存在可逆矩阵 $\boldsymbol{C}$，使得 $\boldsymbol{A}=\boldsymbol{C}^{\mathrm{T}}\boldsymbol{I}_n\boldsymbol{C}=\boldsymbol{C}^{\mathrm{T}}\boldsymbol{C}$。因此，$\det(\boldsymbol{A})=\det(\boldsymbol{C}^{\mathrm{T}}\boldsymbol{C})=\det(\boldsymbol{C})^2>0$。 □

反之，若一个实二次型的系数矩阵的行列式大于零，则该实二次型不一定是正定的。例如，系数矩阵 $\boldsymbol{A}=\begin{pmatrix}-1 & 0\\ 0 & -1\end{pmatrix}$。

定义 8.4.2 给定 n 阶方阵 $\boldsymbol{A}=(a_{ij})_{n\times n}$，称从 $\boldsymbol{A}$ 左上角元素起的 k 阶 $(1\leqslant k\leqslant n)$ 方阵 $(a_{ij})_{k\times k}$ 的行列式为矩阵 $\boldsymbol{A}$ 的 $\boldsymbol{k}$ **级顺序主子式**。

例子 8.4.1 考虑矩阵 $\boldsymbol{A}=\begin{pmatrix}1&2&3\\2&2&3\\3&3&3\end{pmatrix}$，则 $\boldsymbol{A}$ 的三个顺序主子式分别为 $\det(1)$，$\det\begin{pmatrix}1&2\\2&2\end{pmatrix}$ 和 $\det(A)$。

命题 8.4.1 n 元实二次型 $\vec{x}^{\mathrm{T}}\boldsymbol{A}\vec{x}$ 是正定的，当且仅当系数矩阵 $\boldsymbol{A}$ 的所有顺序主子式大于零。

证明 充分性。任选 $\mathbb{R}^n$ 中向量 $\vec{x}=(\vec{a}_k,0,\cdots,0)^{\mathrm{T}}$，其中 $\vec{a}_k$ 为任意 k 维向量。因为二次型正定，所以 $\vec{x}^{\mathrm{T}}\boldsymbol{A}\vec{x}=\vec{a}_k\boldsymbol{A}_k\vec{a}_k^{\mathrm{T}}>0$，其中 $\boldsymbol{A}_k$ 为矩阵 $\boldsymbol{A}$ 前 $k\times k$ 个元素组成的子矩阵。由 $\vec{a}_k$ 的任意性可知 $\vec{a}_k\boldsymbol{A}_k\vec{a}_k^{\mathrm{T}}$ 为正定二次型，故 $\det(A_k)>0$。

必要性。对矩阵阶数 n 作数学归纳法。显然，当 $n=1$ 时，命题成立。假设 $n=k$ 时，命题成立。当 $n=k+1$ 时，将矩阵 $\boldsymbol{A}$ 写成 $\boldsymbol{A}_{k+1}=\begin{pmatrix}\boldsymbol{A}_k&\vec{a}\\\vec{a}^{\mathrm{T}}&a_{k+1,k+1}\end{pmatrix}$ 的形式，根据归纳法知，$\boldsymbol{A}_k$ 为正定二次型的系数矩阵，故存在可逆矩阵 $\boldsymbol{C}_k$，使得 $\boldsymbol{C}_k^{\mathrm{T}}\boldsymbol{A}_k\boldsymbol{C}_k=\boldsymbol{I}_k$。由于

$$\begin{pmatrix}\boldsymbol{I}_k&\vec{0}\\-\vec{a}^{\mathrm{T}}\boldsymbol{A}_k^{-1}&1\end{pmatrix}\begin{pmatrix}\boldsymbol{A}_k&\vec{a}\\\vec{a}^{\mathrm{T}}&a_{k+1,k+1}\end{pmatrix}\begin{pmatrix}\boldsymbol{I}_k&-\mathrm{A}_k^{-1}\vec{a}\\\vec{0}^{\mathrm{T}}&1\end{pmatrix}=\begin{pmatrix}\boldsymbol{A}_k&\vec{0}\\\vec{0}^{\mathrm{T}}&a_{k+1,k+1}-\vec{a}^{\mathrm{T}}\boldsymbol{A}_k^{-1}\vec{a}\end{pmatrix}$$

不难验证，$\det(\boldsymbol{A}_{k+1})=\det(\boldsymbol{A}_k)(a_{k+1,k+1}-\vec{a}^{\mathrm{T}}\boldsymbol{A}_k^{-1}\vec{a})$，这说明 $a_{k+1,k+1}-\vec{a}^{\mathrm{T}}\boldsymbol{A}_k^{-1}\vec{a}>0$。进一步，有

$$\begin{pmatrix}\boldsymbol{C}_k^{\mathrm{T}}&\vec{0}\\\vec{0}^{\mathrm{T}}&1\end{pmatrix}\begin{pmatrix}\boldsymbol{A}_k&\vec{0}\\\vec{0}^{\mathrm{T}}&a_{k+1,k+1}-\vec{a}^{\mathrm{T}}\boldsymbol{A}_k^{-1}\vec{a}\end{pmatrix}\begin{pmatrix}\boldsymbol{C}_k&\vec{0}\\\vec{0}^{\mathrm{T}}&1\end{pmatrix}=\begin{pmatrix}\boldsymbol{I}_k&\vec{0}\\\vec{0}^{\mathrm{T}}&a_{k+1,k+1}-\vec{a}^{\mathrm{T}}\boldsymbol{A}_k^{-1}\vec{a}\end{pmatrix}$$

这对应于一个正定二次型的系数矩阵，从而说明二次型 $\vec{x}^{\mathrm{T}}\boldsymbol{A}\vec{x}$ 正定。 □

8.5 练习

练习 8.5.1 试将如下二次型化成标准形式：

(1) $f(x,y)=xy$；

(2) $f(x_1,x_2,x_3)=\sum\limits_{i=1}^{3}\sum\limits_{j=1}^{3}x_ix_j$；

(3) $f(x_1,x_2,x_3)=\sum\limits_{i=1}^{3}\sum\limits_{j=1}^{3}ijx_ix_j$；

(4) $f(x,y,z,w)=x^2+y^2+z^2+w^2+2xy+2xz+2xw$；

(5) $f(x,y,z)=xy+xz+yz$。

练习 8.5.2 举例说明两个合同矩阵的行列式、迹、特征值和特征多项式不一定相同。

练习 8.5.3 $\boldsymbol{A}$ 是数域 $\mathbb{F}$ 上的 n 阶矩阵。证明若对于 $\mathbb{F}^n$ 中任意向量 $\vec{b}$ 均有 $\vec{b}^{\mathrm{T}}\boldsymbol{A}\vec{b}=\vec{0}$，则 $\boldsymbol{A}=\vec{0}$。

练习 8.5.4 $\boldsymbol{A}$ 是数域 $\mathbb{F}$ 上的 n 阶矩阵。证明对于 $\mathbb{F}^n$ 中任意向量 $\vec{b}$ 均有 $\vec{b}^{\mathrm{T}}\boldsymbol{A}\vec{b}=\vec{0}$，当且仅当 $\boldsymbol{A}^{\mathrm{T}}=-\boldsymbol{A}$。

练习 8.5.5 证明秩为 r 的对称矩阵可以表示成 r 个秩为 1 的对称矩阵之和。

练习 8.5.6 证明反对称矩阵的秩一定为偶数。

练习 8.5.7 $\vec{b}^{\mathrm{T}}\boldsymbol{A}\vec{b}$ 为 n 元实二次型。证明若有向量 $\vec{a}_1,\vec{a}_2$ 满足 $\vec{a}_1^{\mathrm{T}}\boldsymbol{A}\vec{a}_1>0$ 和 $\vec{a}_2^{\mathrm{T}}\boldsymbol{A}\vec{a}_2<0$，则必有 $\mathbb{R}^n$ 中非零向量 $\vec{a}_3$，使得 $\vec{a}_3^{\mathrm{T}}\boldsymbol{A}\vec{a}_3=\vec{0}$。

练习 8.5.8 2 阶和 3 阶实对称矩阵各有多少个不同的合同类？试写出每一类所对应的标准型。

练习 8.5.9 n 阶实对称矩阵有多少个不同的合同类？

练习 8.5.10 $\boldsymbol{A}$ 是实对称矩阵，且不可逆。给定向量 $\vec{p_1}=(1,-1,0)^{\mathrm{T}},\vec{p_2}=(1,1,0)^{\mathrm{T}}$，满足 $\boldsymbol{A}\vec{p_1}=\vec{p_1},\boldsymbol{A}\vec{p_2}=-\vec{p_2}$。

(1) 求 $A\vec{x}=\vec{0}$ 的基础解系。

(2) 求正交变换 $\vec{x}=\boldsymbol{P}\vec{y}$，将 $\vec{x}^{\mathrm{T}}\boldsymbol{A}\vec{x}$ 化为规范性。

练习 8.5.11 证明若 n 阶实系数方阵 $\boldsymbol{C}$ 可逆，则 $\vec{x}\boldsymbol{C}^{\mathrm{T}}\boldsymbol{C}\vec{x}$ 为正定二次型。

练习 8.5.12 证明若实二次型 $\vec{x}^{\mathrm{T}}\boldsymbol{A}\vec{x}$ 正定，则 $\vec{x}^{\mathrm{T}}\boldsymbol{A}^{-1}\vec{x}$ 也是正定的。

练习 8.5.13 给定正定二次型 $\vec{x}^{\mathrm{T}}\boldsymbol{A}\vec{x}$ 和 $\vec{x}^{\mathrm{T}}\boldsymbol{B}\vec{x}$，证明 $\vec{x}^{\mathrm{T}}(\boldsymbol{A}+\boldsymbol{B})\vec{x}$ 也是正定的。

练习 8.5.14 设 $\boldsymbol{A}$ 为 3 阶实对称矩阵，$\operatorname{rank}(\boldsymbol{A})=2$，且 $\boldsymbol{A}^3+2\boldsymbol{A}^2=\vec{0}$。当 k 为何值时，以 $\boldsymbol{A}+k\boldsymbol{I}_3$ 为系数矩阵的二次型是正定的？

练习 8.5.15 证明 n 元实二次型 $\vec{x}^{\mathrm{T}}\boldsymbol{A}\vec{x}$ 是半正定的，当且仅当系数矩阵 $\boldsymbol{A}$ 的所有顺序主子式大于等于零。

练习 8.5.16 证明 n 元实二次型 $\vec{x}^{\mathrm{T}}\boldsymbol{A}\vec{x}$ 是负定的，当且仅当系数矩阵 $\boldsymbol{A}$ 的所有偶数阶顺序主子式大于零，所有奇数阶顺序主子式小于零。

练习 8.5.17 设

$$\boldsymbol{A}=\begin{pmatrix}a&1&1\\1&a&1\\1&1&a\end{pmatrix}$$

其中 $a\in\mathbb{R}$。若 $\boldsymbol{A}$ 定义了一个正定二次型，试求 a 的取值范围。

练习 8.5.18 V 是数域 $\mathbb{F}$ 上的线性空间，若映射 $B:V\times V\to\mathbb{F}$ 满足：$B(x,y)=B(y,x)$，$B(ax+by,z)=aB(x,z)+bB(y,z)$，且 $B(x,by+cz)=bB(x,y)+cB(x,z)$，对于 $\forall x,y,z\in V$，$\forall a,b,c\in\mathbb{F}$，则称映射 B 为 V 上的一个**对称双线性型**。假设 W 是 V 的子空间，定义 V 的子集 $W^{\perp}:=\{x\in V\mid B(x,w)=0,\forall w\in W\}$。证明 $W^{\perp}$ 是 V 的子空间。

练习 8.5.19 在上题中，假设对称双线性型 $\hat{B}:V\to\mathrm{Hom}(V,\mathbb{F})$，即 $x\in V\mapsto y\in B(x,y)$，是**非退化的** (映射是双射)。证明 $W\oplus W^{\perp}=V$。

9 欧几里得空间

9.1 内积与正交向量

定义 9.1.1 实数域上的映射 $\langle\cdot,\cdot\rangle:\mathbb{R}^n\times\mathbb{R}^n\to\mathbb{R}$，若满足如下三条性质：

(1) $\langle\vec{a},\vec{b}\rangle=\langle\vec{b},\vec{a}\rangle$ (对称性)；

(2) $\langle\vec{a},k\vec{b}+w\vec{c}\rangle=k\langle\vec{a},\vec{b}\rangle+w\langle\vec{a},\vec{c}\rangle$ (线性性)；

(3) $\langle\vec{a},\vec{a}\rangle\geqslant 0$，等号成立当且仅当 $\vec{a}=\vec{0}$ (正定性)。

其中向量 $\vec{a},\vec{b},\vec{c}\in\mathbb{R}^n$，$k,w\in\mathbb{R}$，则称此映射为 $\mathbb{R}^n$ 上的一个**内积**。

定义 9.1.2 定义线性空间 $\mathbb{R}^n$ 上的**标准内积**为

$$\langle\vec{a},\vec{b}\rangle=\vec{a}^{\mathrm{T}}\vec{b}=\sum_{i=1}^{n}a_ib_i$$

不难验证其满足内积的三条基本性质。称线性空间 $\mathbb{R}^n$ 加上标准内积为 n **维欧几里得空间**。

定义 9.1.3 在欧几里得空间中，一个向量的**长度**定义为 $|\vec{b}|=\sqrt{\langle\vec{b},\vec{b}\rangle}$。特别地，长度为 1 的向量称为**单位向量**。显然，任意非零向量都可以**单位化**，即 $\vec{b}/|\vec{b}|$。

定义 9.1.4 在欧几里得空间中，若两个向量的内积为零 $\langle\vec{a},\vec{b}\rangle=0$，则称这两个**向量正交**。特别地，若一个非零向量组中的向量两两都正交，则称为**正交向量组**。进一步，若正交向量组中每个向量都是单位长度，则称为**单位正交向量组**。

向量之间的正交性是比线性无关性更强的要求。

命题 9.1.1 *在欧几里得空间中，非零正交向量组一定是线性无关的。*

证明 设 $\vec{b}_1,\cdots,\vec{b}_n$ 为非零正交向量组，并令 $k_1\vec{b}_1+\cdots k_n\vec{b}_n=\vec{0}$。将上式两端分别与 $\vec{b}_i$ $(1\leqslant i\leqslant n)$ 作内积，得到

$$\langle\vec{b}_i,k_1\vec{b}_1+\cdots k_n\vec{b}_n\rangle=\langle\vec{b}_i,\vec{0}\rangle=0，\forall 1\leqslant i\leqslant n$$

由于向量之间两两正交，因此得到

$$k_i\langle\vec{b}_i,\vec{b}_i\rangle=0，\forall 1\leqslant i\leqslant n$$

又因为 $\vec{b}_i$ 均为非零向量，所以 $k_1=\cdots=k_n=0$，即 $\vec{b}_1,\cdots,\vec{b}_n$ 线性无关。 □

定义 9.1.5 在欧几里得空间中，若一个正交向量组构成该空间的一组基，则称其为**正交基**。特别地，若这组基中向量长度都为 1，则称为该空间的一组**标准正交基**。

不难验证，$(1,0,\cdots,0),\cdots,(0,\cdots,0,1)$ 是 n 维欧几里得空间中的一组标准正交基。给定该空间任意其他一组基，能否将其改造成一组标准正交基呢？其方法就是施密特正交化。

定理 9.1.1 *在有限维欧几里得空间中，设 $\vec{a}_1,\cdots,\vec{a}_n$ 为一个线性无关组，则*

$$\vec{b}_1=\vec{a}_1$$

$$\vec{b}_2=\vec{a}_2-\frac{\langle\vec{a}_2,\vec{b}_1\rangle}{\langle\vec{b}_1,\vec{b}_1\rangle}\vec{b}_1$$

$$\cdots\cdots$$

$$\vec{b}_i=\vec{a}_i-\sum_{j=1}^{i-1}\frac{\langle\vec{a}_i,\vec{b}_j\rangle}{\langle\vec{b}_j,\vec{b}_j\rangle}\vec{b}_j$$

$$\cdots\cdots$$

$$\vec{b}_n=\vec{a}_n-\sum_{j=1}^{n-1}\frac{\langle\vec{a}_n,\vec{b}_j\rangle}{\langle\vec{b}_j,\vec{b}_j\rangle}\vec{b}_j$$

是一个正交向量组，且 $\vec{a}_1,\cdots,\vec{a}_n$ 和 $\vec{b}_1,\cdots,\vec{b}_n$ 可以互相线性表出。

证明 归纳法。当 $n=1$ 时，命题显然成立。假设 $n=k$ 时，命题成立，即 $\vec{b}_1,\cdots,\vec{b}_k$ 两两正交，且与向量组 $\vec{a}_1,\cdots,\vec{a}_k$ 互相线性表出。当 $n=k+1$ 时，因为

$$\vec{b}_{k+1}=\vec{a}_{k+1}-\sum_{j=1}^{k}\frac{\langle\vec{a}_{k+1},\vec{b}_j\rangle}{\langle\vec{b}_j,\vec{b}_j\rangle}\vec{b}_j$$

所以

$$\begin{aligned}\langle\vec{b}_i,\vec{b}_{k+1}\rangle&=\langle\vec{b}_i,\vec{a}_{k+1}-\sum_{j=1}^{k}\frac{\langle\vec{a}_{k+1},\vec{b}_j\rangle}{\langle\vec{b}_j,\vec{b}_j\rangle}\vec{b}_j\rangle\\&=\langle\vec{b}_i,\vec{a}_{k+1}\rangle-\sum_{j=1}^{k}\frac{\langle\vec{a}_{k+1},\vec{b}_j\rangle}{\langle\vec{b}_j,\vec{b}_j\rangle}\langle\vec{b}_i,\vec{b}_j\rangle=0,\ \forall i\in[1,k]\end{aligned}$$

这说明 $\vec{b}_{k+1}$ 与 $\vec{b}_i(i=1,2,\cdots,k)$ 正交。因此 $\vec{b}_1,\cdots,\vec{b}_{k+1}$ 为正交向量组。进一步，$\vec{b}_{k+1}$ 可由 $\vec{a}_1,\cdots,\vec{a}_{k+1}$ 线性表出，且 $\vec{a}_{k+1}$ 可由 $\vec{b}_1,\cdots,\vec{b}_{k+1}$ 线性表出，这说明两个向量组等价。证毕。 □

注记 9.1.1 上述将线性无关向量组改造成为正交向量组的过程称为**施密特正交化**。事实上，这一过程不仅对有限维欧几里得空间适用，对于无限维内积空间也同样适用，例如在第 5.7 节介绍的连续函数空间和可导函数空间。

由上述命题，在欧几里得空间中，我们总是可以通过施密特正交化去构造它的一组基，这组基不仅线性无关，而且是正交的。再进一步将正交基中每个向量单位化，我们就可以得到所求的标准正交基。

例子 9.1.1 我们来对 $\mathbb{R}^2$ 中如下的两个向量进行施密特正交化并单位化：

$$\vec{a}_1=(1,1),\ \vec{a}_2=(1,0)$$

套用公式

$$\begin{aligned}\vec{b}_1&=\vec{a}_1\\ \vec{b}_2&=\vec{a}_2-\frac{\langle\vec{a}_2,\vec{b}_1\rangle}{\langle\vec{b}_1,\vec{b}_1\rangle}\vec{b}_1\end{aligned}$$

算出

$$\langle\vec{a}_2,\vec{b}_1\rangle=1,\ \langle\vec{b}_1,\vec{b}_1\rangle=2$$

再根据向量的运算得出

$$\begin{aligned}\vec{b}_1&=(1,1)\\ \vec{b}_2&=(1,0)-\frac{1}{2}(1,1)=\left(\frac{1}{2},-\frac{1}{2}\right)\end{aligned}$$

用公式

$$\vec{\eta}_1=\vec{b}_1/|\vec{b}_1|,\ \vec{\eta}_2=\vec{b}_2/|\vec{b}_2|$$

对 $\vec{b}_1,\vec{b}_2$ 进行单位化，得到答案：

$$\begin{aligned}\vec{\eta}_1&=\frac{1}{\sqrt{2}}(1,1)=\left(\frac{\sqrt{2}}{2},\frac{\sqrt{2}}{2}\right)\\ \vec{\eta}_2&=\sqrt{2}\left(\frac{1}{2},-\frac{1}{2}\right)=\left(\frac{\sqrt{2}}{2},-\frac{\sqrt{2}}{2}\right)\end{aligned}$$

注记 9.1.2 注意施密特正交化的过程和初始向量的顺序是有关的。在例子 9.1.1 中，若 $\vec{a}_1=(1,0)$，$\vec{a}_2=(1,1)$，则施密特正交化和单位化后得到的向量是 $\vec{\eta}_1=(1,0)$，$\vec{\eta}_2=(0,1)$。

例子 9.1.2 我们再来对 $\mathbb{R}^3$ 中如下的三个向量进行施密特正交化并单位化：

$$\vec{a}_1=(1,1,1),\ \vec{a}_2=(1,0,1),\ \vec{a}_3=(0,1,1)$$

套用公式

$$\begin{aligned}\vec{b}_1&=\vec{a}_1\\ \vec{b}_2&=\vec{a}_2-\frac{\langle\vec{a}_2,\vec{b}_1\rangle}{\langle\vec{b}_1,\vec{b}_1\rangle}\vec{b}_1\\ \vec{b}_3&=\vec{a}_3-\frac{\langle\vec{a}_3,\vec{b}_1\rangle}{\langle\vec{b}_1,\vec{b}_1\rangle}\vec{b}_1-\frac{\langle\vec{a}_3,\vec{b}_2\rangle}{\langle\vec{b}_2,\vec{b}_2\rangle}\vec{b}_2\end{aligned}$$

需要计算

$$\langle \vec{a}_2, \vec{b}_1 \rangle = 2,\ \langle \vec{b}_1, \vec{b}_1 \rangle = 3$$

再根据向量的运算得出

$$\vec{b}_1 = (1,1,1)$$

$$\vec{b}_2 = (1,0,1) - \frac{2}{3}(1,1,1) = \left(\frac{1}{3}, -\frac{2}{3}, \frac{1}{3}\right)$$

再计算

$$\langle \vec{a}_3, \vec{b}_1 \rangle = 2,\ \langle \vec{a}_3, \vec{b}_2 \rangle = -\frac{1}{3},\ \langle \vec{b}_2, \vec{b}_2 \rangle = \frac{2}{3}$$

算出 $\vec{b}_3$：

$$\vec{b}_3 = (0,1,1) - \frac{2}{3}(1,1,1) - \frac{-1/3}{2/3}\left(\frac{1}{3}, -\frac{2}{3}, \frac{1}{3}\right) = \left(-\frac{1}{2}, 0, \frac{1}{2}\right)$$

用公式

$$\eta_1 = \vec{b}_1/|\vec{b}_1|,\ \eta_2 = \vec{b}_2/|\vec{b}_2|,\ \eta_3 = \vec{b}_3/|\vec{b}_3|$$

对 $\vec{b}_1, \vec{b}_2, \vec{b}_3$ 进行单位化，得到答案：

$$\vec{\eta}_1 = \frac{1}{\sqrt{3}}(1,1,1) = \left(\frac{\sqrt{3}}{3}, \frac{\sqrt{3}}{3}, \frac{\sqrt{3}}{3}\right)$$

$$\vec{\eta}_2 = \frac{\sqrt{6}}{2}\left(\frac{1}{3}, -\frac{2}{3}, \frac{1}{3}\right) = \left(\frac{\sqrt{6}}{6}, -\frac{\sqrt{6}}{3}, \frac{\sqrt{6}}{6}\right)$$

$$\vec{\eta}_3 = \sqrt{2}\left(-\frac{1}{2}, 0, \frac{1}{2}\right) = \left(-\frac{\sqrt{2}}{2}, 0, \frac{\sqrt{2}}{2}\right)$$

9.2 正交矩阵

定义 9.2.1 若欧几里得空间中 n 阶方阵 $\boldsymbol{A}$ 满足 $\boldsymbol{A}^{\mathrm{T}}\boldsymbol{A} = \boldsymbol{I}_n$，则称 $\boldsymbol{A}$ 为**正交矩阵**。

命题 9.2.1 正交矩阵 A 满足如下性质：

(1) $\boldsymbol{A}$ 可逆，且 $\boldsymbol{A}^{-1} = A^{\mathrm{T}}$；

(2) $\boldsymbol{A}\boldsymbol{A}^{\mathrm{T}} = I_n$；

(3) $\boldsymbol{A}^{\mathrm{T}}, \boldsymbol{A}^{-1}$ 均为正交矩阵；

(4) $\det(\boldsymbol{A}) = \pm 1$。

证明 (1) $\mathrm{rank}(\boldsymbol{A}^{\mathrm{T}}\boldsymbol{A}) = \mathrm{rank}(\boldsymbol{A}) = \mathrm{rank}(\boldsymbol{I}_n) = n$，这说明矩阵 $\boldsymbol{A}$ 为满秩矩阵，因此可逆。再由正交矩阵定义可知，$\boldsymbol{A}^{-1} = \boldsymbol{A}^{\mathrm{T}}$。

(2) 由性质 (1)，$\boldsymbol{A}\boldsymbol{A}^{\mathrm{T}} = \boldsymbol{A}\boldsymbol{A}^{-1} = \boldsymbol{I}_n$。

(3) 由性质 (2)，$\boldsymbol{A}\boldsymbol{A}^{\mathrm{T}} = \boldsymbol{I}_n$，说明 $\boldsymbol{A}^{\mathrm{T}}$ 为正交矩阵。再由性质 (1)，$\boldsymbol{A}^{-1} = \boldsymbol{A}^{\mathrm{T}}$，说明 $\boldsymbol{A}^{-1}$ 也为正交矩阵。

(4) $\det(\boldsymbol{A}^{\mathrm{T}}\boldsymbol{A}) = [\det(\boldsymbol{A})]^2 = \det(\boldsymbol{I}_n) = 1$，这说明 $\det(\boldsymbol{A}) = \pm 1$。 □

正交矩阵和第 9.1 节所讨论的正交向量组密切相关。事实上，标准正交基与正交矩阵相互唯一确定。

命题 9.2.2 *在 n 维欧几里得空间中，n 阶矩阵 $\boldsymbol{A}$ 为正交矩阵当且仅当 $\boldsymbol{A}$ 的列/行向量组构成该空间中的一个标准正交基。*

证明 假设矩阵 $\boldsymbol{A}$ 的列向量表示为 $\boldsymbol{A} = (\vec{b}_1, \cdots, \vec{b}_n)$。

$\boldsymbol{A}$ 为正交矩阵

$\Leftrightarrow \vec{b}_i^{\mathrm{T}}\vec{b}_j = \delta_{ij}$，$\forall 1 \leqslant i, j \leqslant n$

$\Leftrightarrow \langle \vec{b}_i, \vec{b}_j \rangle = \delta_{ij}$，$\forall 1 \leqslant i, j \leqslant n$

$\Leftrightarrow \vec{b}_1, \cdots, \vec{b}_n$ 构成 $\mathbb{R}^n$ 中一组标准正交基.

对于矩阵 $\boldsymbol{A}$ 的行向量组，同理可证。 □

9.3 实对称矩阵的正交对角化

定义 9.3.1 所有元素取值在实数域上的对称矩阵称为**实对称矩阵**。

相比于一般的矩阵，实对称矩阵具有非常优良的性质，主要表现在：它的所有特征值都是实数，且正交相似于对角矩阵。后者不但说明对于 n 阶实对称矩阵，相应于它的 n 个实数特征值，可以找到 n 个线性无关的特征值，而且可以进一步将这些特征值单位正交化，使其同时合同于对角矩阵。从而将我们之前讨论的相似对角化和合同对角化集于一身。

定理 9.3.1 *实对称矩阵在复数域上的每个特征值都是实数。*

证明 考虑 $\boldsymbol{A}$ 为 n 阶实对称矩阵，根据代数基本定理，其特征多项式 $\det(\lambda\boldsymbol{I}_n - \boldsymbol{A})$ 为一元 n 次多项式，在复数域上有 n 个根。取其一个特征值 λ_0，以及相应的特征向量 $\vec{\eta}_0$，因此有 $\boldsymbol{A}\vec{\eta}_0 = \lambda_0\vec{\eta}_0$。两端取复共轭，得到 $\overline{\boldsymbol{A}\vec{\eta}_0} = \boldsymbol{A}\overline{\vec{\eta}_0} = \overline{\lambda_0\vec{\eta}_0}$。两端分别乘以 $\vec{\eta}_0^{\mathrm{T}}$，有

$$\vec{\eta}_0^{\mathrm{T}}\boldsymbol{A}\overline{\vec{\eta}_0} = \overline{\lambda_0}\vec{\eta}_0^{\mathrm{T}}\overline{\vec{\eta}_0}$$

将 $\boldsymbol{A}\vec{\eta}_0 = \lambda_0\vec{\eta}_0$ 转置后再两端乘以 $\overline{\vec{\eta}_0}$，有

$$\vec{\eta}_0^{\mathrm{T}}\boldsymbol{A}\overline{\vec{\eta}_0} = \lambda_0\vec{\eta}_0^{\mathrm{T}}\overline{\vec{\eta}_0}$$

对比后，并考虑到 $\vec{\eta}_0$ 为非零向量，$\vec{\eta}_0^{\mathrm{T}}\overline{\vec{\eta}_0} > 0$，得到 $\overline{\lambda_0} = \lambda_0$。因此特征值均为实数。证毕。 □

定理 9.3.2 *实对称矩阵属于不同特征值的特征向量一定正交。*

证明 设 $\boldsymbol{A}$ 为实对称矩阵，λ_1 和 λ_2 是 $\boldsymbol{A}$ 的两个不同特征值，$\vec{\eta}_1, \vec{\eta}_2$ 为两个特征值各自相应的特征向量，则

$$\lambda_1\langle\vec{\eta}_1, \vec{\eta}_2\rangle = \langle\lambda_1\vec{\eta}_1, \vec{\eta}_2\rangle = \langle\boldsymbol{A}\vec{\eta}_1, \vec{\eta}_2\rangle$$

$$= \langle \vec{\eta}_1, \boldsymbol{A}^{\mathrm{T}}\vec{\eta}_2 \rangle = \langle \vec{\eta}_1, \lambda_2\vec{\eta}_2 \rangle = \lambda_2\langle \vec{\eta}_1, \vec{\eta}_2 \rangle$$

因此 $(\lambda_1 - \lambda_2)\langle \vec{\eta}_1, \vec{\eta}_2 \rangle = 0$。因为 $\lambda_1 \neq \lambda_2$，所以 $\langle \vec{\eta}_1, \vec{\eta}_2 \rangle = 0$，即两个特征向量正交。 □

定理 9.3.3 实对称矩阵一定正交相似于对角矩阵。

证明 归纳法。考虑 $\boldsymbol{A}$ 为 n 阶实对称矩阵。当 $n = 1$ 时，命题显然成立。假设 $n = k$ 时，命题成立。当 $n = k + 1$ 时，任取矩阵 $\boldsymbol{A}$ 的一个特征值 λ_1（存在性由定理 9.3.2 保证），及其相应单位化特征向量 $\vec{\eta}_1$（$|\vec{\eta}_1| = 1$）。我们可以将 $\vec{\eta}_1$ 扩张为 $\mathbb{R}^n$ 上的一组基，且可以进一步通过施密特正交化和单位化，得到 $\mathbb{R}^n$ 上的一组标准正交基 $\vec{\eta}_1, \cdots, \vec{\eta}_n$。令正交矩阵 $\boldsymbol{C}_1 = (\vec{\eta}_1, \cdots, \vec{\eta}_n)$，有

$$\boldsymbol{C}_1^{\mathrm{T}}\boldsymbol{A}\boldsymbol{C}_1 = \boldsymbol{C}_1^{\mathrm{T}}(\boldsymbol{A}\vec{\eta}_1, \cdots, \boldsymbol{A}\vec{\eta}_n) = (\boldsymbol{C}_1^{\mathrm{T}}\lambda_1\vec{\eta}_1, \boldsymbol{C}_1^{\mathrm{T}}\vec{\eta}_2, \cdots, \boldsymbol{C}_1^{\mathrm{T}}\vec{\eta}_n)$$

因为 $\boldsymbol{C}_1^{\mathrm{T}}\boldsymbol{C}_1 = \boldsymbol{I}_{k+1}$，所以 $\boldsymbol{C}_1^{\mathrm{T}}\vec{\eta}_1 = (1, 0, \cdots, 0)^{\mathrm{T}}$。于是可以假设

$$\boldsymbol{C}_1^{\mathrm{T}}\boldsymbol{A}\boldsymbol{C}_1 = \begin{pmatrix} \lambda_1 & \vec{b} \\ \vec{0}^{\mathrm{T}} & \tilde{\boldsymbol{A}} \end{pmatrix}$$

因为 $\boldsymbol{C}_1$ 为实正交矩阵，$\boldsymbol{A}$ 是实对称矩阵，所以 $\boldsymbol{C}_1^{\mathrm{T}}\boldsymbol{A}\boldsymbol{C}_1$ 也是实对称矩阵，从而 $\vec{b} = \vec{0}$，$\tilde{\boldsymbol{A}}$ 也为实对称矩阵。

再根据归纳假设，存在 $n-1$ 阶实正交矩阵 $\boldsymbol{C}_2$，使得 $\boldsymbol{C}_2^{\mathrm{T}}\tilde{\boldsymbol{A}}\boldsymbol{C}_2 = \boldsymbol{D}_k = \mathrm{diag}(\lambda_2, \cdots, \lambda_{k+1})$，其中 $\lambda_2, \cdots, \lambda_{k+1}$ 均为矩阵 $\tilde{\boldsymbol{A}}$，也是矩阵 $\boldsymbol{A}$ 的 k 个特征值。故有

$$\begin{pmatrix} 1 & \vec{0} \\ \vec{0}^{\mathrm{T}} & \boldsymbol{C}_2^{\mathrm{T}} \end{pmatrix} \boldsymbol{C}_1^{\mathrm{T}}\boldsymbol{A}\boldsymbol{C}_1 \begin{pmatrix} 1 & \vec{0} \\ \vec{0}^{\mathrm{T}} & \boldsymbol{C}_2 \end{pmatrix} = \begin{pmatrix} 1 & \vec{0} \\ \vec{0}^{\mathrm{T}} & \boldsymbol{C}_2^{\mathrm{T}} \end{pmatrix} \begin{pmatrix} \lambda_1 & \vec{0} \\ \vec{0}^{\mathrm{T}} & \tilde{\boldsymbol{A}} \end{pmatrix} \begin{pmatrix} 1 & \vec{0} \\ \vec{0}^{\mathrm{T}} & \boldsymbol{C}_2 \end{pmatrix} = \begin{pmatrix} \lambda_1 & \vec{0} \\ \vec{0}^{\mathrm{T}} & \boldsymbol{D}_k \end{pmatrix}$$

这说明 $k + 1$ 阶实对称矩阵也正交相似于对角矩阵。证毕。 □

这个结论可以看成是第 8 章所讲的矩阵合同对角化的一个特殊化。当时我们证明了在任意数域上对称矩阵都可以通过合同变换化为对角矩阵。有兴趣的读者可以考虑如何利用这一结论简化当前的证明。

例子 9.3.1 矩阵 $\boldsymbol{A} = \begin{pmatrix} 1 & -2 & -4 \\ -2 & x & -2 \\ -4 & -2 & 1 \end{pmatrix}$ 与矩阵 $\mathrm{diag}(5, -4, y)$ 相似，求 x, y，并求正交矩阵 $\boldsymbol{P}$，使得 $\boldsymbol{P}^{\mathrm{T}}\boldsymbol{A}\boldsymbol{P} = \mathrm{diag}(5, -4, y)$。

解 因为矩阵 $\boldsymbol{A}$ 与矩阵 $\mathrm{diag}(5, -4, y)$ 相似，所以 $\boldsymbol{A}$ 的特征值是 $5, -4, y$。由于相似变换（正交变换）不改变矩阵的迹，故有 $\mathrm{tr}(\boldsymbol{A}) = 2 + x = 1 + y$。又因为 -4 是 $\boldsymbol{A}$ 的特征值，故有 $\det(\boldsymbol{A} + 4\boldsymbol{I}_3) = 9(x - 4) = 0$，求得 $x = 4, y = 5$。

再求正交矩阵 $\boldsymbol{P}$。对应于二重特征值 5，相应特征向量由齐次线性方程组 $(\boldsymbol{A} - 5\boldsymbol{I}_3)\vec{x} = \vec{0}$ 决定。不难求得该方程组的一个基础解系为 $\vec{\xi}_1 = (1, 0, -1)^{\mathrm{T}}, \vec{\xi}_3 = (1, -2, 0)^{\mathrm{T}}$。将其正交化并单位化后，有

$$\vec{p}_1 = (1/\sqrt{2}, 0, -1/\sqrt{2})^{\mathrm{T}}, \vec{p}_3 = (1/3\sqrt{2}, -4/3\sqrt{2}, 1/3\sqrt{2})^{\mathrm{T}}$$

对应于特征值 -4，相应特征向量由齐次线性方程组 $(\boldsymbol{A}+4\boldsymbol{I}_3)\vec{x}=\vec{0}$ 决定。求解得到单位化特征向量 $\vec{p}_2=(2/3,1/3,2/3)^{\mathrm{T}}$。由于属于不同特征值的特征向量一定正交，$\boldsymbol{P}=(\vec{p}_1,\vec{p}_2,\vec{p}_3)$ 即为所求正交矩阵。

实对称矩阵正交对角化的一个重要应用是求实二次型的标准型。通过引入以正交单位化特征向量为列向量的正交矩阵，我们可以将任意实二次型 $\vec{x}^{\mathrm{T}}\boldsymbol{A}\vec{x}$ 化为以 $\boldsymbol{A}$ 的特征值为二次项系数的标准型，且正/负特征值的个数（重数）分别决定了该二次型的正/负惯性指数。

命题 9.3.1 实二次型 $\vec{x}^{\mathrm{T}}\boldsymbol{A}\vec{x}$ 是正定/负定的，当且仅当 $\boldsymbol{A}$ 的所有特征值均为正/负数。

命题 9.3.2 实二次型 $\vec{x}^{\mathrm{T}}\boldsymbol{A}\vec{x}$ 是半正定/半负定的，当且仅当 $\boldsymbol{A}$ 的所有特征值均非负/非正。

9.4 拓展应用：正交投影 *

定义 9.4.1 复数域上的映射 $\langle\cdot,\cdot\rangle:\mathbb{C}^n\times\mathbb{C}^n\to\mathbb{C}$，若满足如下三条性质：

(1) $\langle\vec{a},\vec{b}\rangle=\overline{\langle\vec{b},\vec{a}\rangle}$ (共轭对称性)；

(2) $\langle\vec{a},k\vec{b}+w\vec{c}\rangle=k\langle\vec{a},\vec{b}\rangle+w\langle\vec{a},\vec{c}\rangle$ (线性性)；

(3) $\langle\vec{a},\vec{a}\rangle\geqslant 0$，等号成立当且仅当 $\vec{a}=\vec{0}$ (正定性)。

其中向量 $\vec{a},\vec{b},\vec{c}\in\mathbb{C}^n$，$k,w\in\mathbb{C}$，则称此映射为 $\mathbb{C}^n$ 上的一个**内积**。

注记 9.4.1 特别地，引入如下双线性函数：

$$\langle\vec{a},\vec{b}\rangle=\vec{a}^{\mathrm{H}}\vec{b}=\sum_{i=1}^{n}\overline{a_i}b_i$$

其中，$\overline{a_i}$ 表示元素 a_i 的复共轭，$\vec{a}^{\mathrm{H}}$ 表示向量 $\vec{a}$ 的复共轭转置。不难验证上述定义满足内积的三条基本性质，因此称其为 $\mathbb{C}^n$ 的一个**标准内积**。线性空间 $\mathbb{C}^n$ 加上它的标准内积称为 **n 维复欧几里得空间**。

注记 9.4.2 如果 $\boldsymbol{A}$ 是 n 阶复方阵，我们可以定义 $\boldsymbol{A}^{\mathrm{H}}:=\overline{\boldsymbol{A}^{\mathrm{T}}}$，即对 $\boldsymbol{A}$ 进行转置再取每一项的复共轭。称 $\boldsymbol{A}$ 为**复正交矩阵**，如果 $\boldsymbol{A}^{\mathrm{H}}\boldsymbol{A}=\boldsymbol{I}_n$。可以验证复正交矩阵继承了实正交矩阵的大部分性质。

定义 9.4.2 假设 W 是 $\mathbb{C}^n$ 的线性子空间，对于 $\forall\vec{z}\in\mathbb{C}^n$，根据直和分解定理，向量 $\vec{z}$ 可以唯一分解为 $\vec{z}=\vec{x}+\vec{y}$，其中 $\vec{x}\in W$，$\vec{y}\in W^{\perp}$。我们称 $\vec{x}$ 为 $\vec{z}$ 在空间 W 上的正交投影向量。

事实上，我们可以将上述投影操作看成线性空间 $\mathbb{C}^n$ 到其子空间 W 的一个映射关系。

定义 9.4.3 令映射 $f:\mathbb{C}^n\to W$，使得对于 $\forall\vec{z}\in\mathbb{C}^n$，$f(\vec{z})=\vec{x}$，其中 $\vec{x}\in W$，且有 $\vec{z}-\vec{x}\in W^{\perp}$。这样的映射关系称为**正交投影**。

命题 9.4.1 正交投影是一个线性映射。

证明 根据正交投影的定义，$\forall \vec{z}_1, \vec{z}_2 \in \mathbb{C}^n$，有 $\vec{z}_1 = \vec{x}_1 + \vec{y}_1$ 和 $\vec{z}_2 = \vec{x}_2 + \vec{y}_2$，其中 $\vec{x}_1, \vec{x}_2 \in W$，$\vec{y}_1, \vec{y}_2 \in W^\perp$，且 $f(\vec{z}_1) = \vec{x}_1$，$f(\vec{z}_2) = \vec{x}_2$。因此，$\forall c_1, c_2 \in \mathbb{C}$，有 $c_1\vec{z}_1 + c_2\vec{z}_2 = c_1(\vec{x}_1 + \vec{y}_1) + c_2(\vec{x}_2 + \vec{y}_2) = (c_1\vec{x}_1 + c_2\vec{x}_2) + (c_1\vec{y}_1 + c_2\vec{y}_2)$，其中 $c_1\vec{x}_1 + c_2\vec{x}_2 \in W$, $c_1\vec{y}_1 + c_2\vec{y}_2 \in W^\perp$。这说明 $f(c_1\vec{z}_1 + c_2\vec{z}_2) = c_1\vec{x}_1 + c_2\vec{x}_2$，即 f 为线性映射。 □

定义 9.4.4 根据线性映射和矩阵的一一对应关系，我们称正交投影变换 f 在线性空间 $\mathbb{C}^n$ 的一组基 $\vec{\varepsilon}_1, \cdots, \vec{\varepsilon}_n$ 下所对应的矩阵为**正交投影矩阵**，记为 $\boldsymbol{P}_W$。

根据正交投影变换的性质，不难得到 $W = \{\boldsymbol{P}_W\vec{z} \mid \forall \vec{z} \in \mathbb{C}^n\}$，$W^\perp = \{(\boldsymbol{I}_n - \boldsymbol{P}_W)\vec{z} \mid \forall \vec{z} \in \mathbb{C}^n\}$。那么，该如何确定正交投影矩阵呢？

引理 9.4.1 给定 W 是 $\mathbb{C}^n$ 的一个 k 维线性子空间，$\vec{w}_1, \cdots, \vec{w}_k$ 是 W 的一组正交基，则对于 $\forall \vec{z} \in \mathbb{C}^n$，$\vec{z}$ 在 W 中的正交投影向量为

$$\vec{x} = \frac{\langle \vec{w}_1, \vec{z} \rangle}{\langle \vec{w}_1, \vec{w}_1 \rangle}\vec{w}_1 + \cdots + \frac{\langle \vec{w}_k, \vec{z} \rangle}{\langle \vec{w}_k, \vec{w}_k \rangle}\vec{w}_k$$

证明 只需证明 $\vec{z} - \vec{x} \in W^\perp$ 即可。$\forall \vec{y} \in W$，由于 $\vec{w}_1, \cdots, \vec{w}_k$ 是 W 的一组正交基，故可令 $\vec{y} = c_1\vec{w}_1 + \cdots + c_k\vec{w}_k$。又因为

$$\begin{aligned}\langle \vec{w}_i, \vec{z} - \vec{x} \rangle &= \left\langle \vec{w}_i, \vec{z} - \frac{\langle \vec{w}_1, \vec{z} \rangle}{\langle \vec{w}_1, \vec{w}_1 \rangle}\vec{w}_1 - \cdots - \frac{\langle \vec{w}_k, \vec{z} \rangle}{\langle \vec{w}_k, \vec{w}_k \rangle}\vec{w}_k \right\rangle \\ &= \langle \vec{w}_i, \vec{z} \rangle - \frac{\langle \vec{w}_1, \vec{z} \rangle}{\langle \vec{w}_1, \vec{w}_1 \rangle}\langle \vec{w}_i, \vec{w}_1 \rangle - \cdots - \frac{\langle \vec{w}_k, \vec{z} \rangle}{\langle \vec{w}_k, \vec{w}_k \rangle}\langle \vec{w}_i, \vec{w}_k \rangle = 0\end{aligned}$$

所以 $\langle \vec{y}, \vec{z} - \vec{x} \rangle = 0$。证毕。 □

定理 9.4.1 给定 W 是 $\mathbb{C}^n$ 的一个 k 维线性子空间，矩阵 $\boldsymbol{A}$ 是由 W 的任意一组基向量作为列向量所构成的，则 $\mathbb{C}^n$ 到 W 的正交投影矩阵为 $\boldsymbol{A}(\boldsymbol{A}^{\mathrm{H}}\boldsymbol{A})^{-1}\boldsymbol{A}^{\mathrm{H}}$。

证明 任取 $\vec{w}_1, \cdots, \vec{w}_k$ 为 W 的一组正交基，并令矩阵 $\boldsymbol{U} = (\vec{w}_1, \cdots, \vec{w}_k)$。由引理 9.4.1 可知，$\forall \vec{z} \in \mathbb{C}^n$，$\vec{z}$ 在 W 中的正交投影向量为

$$\begin{aligned}\vec{x} &= \frac{\langle \vec{w}_1, \vec{z} \rangle}{\langle \vec{w}_1, \vec{w}_1 \rangle}\vec{w}_1 + \cdots + \frac{\langle \vec{w}_k, \vec{z} \rangle}{\langle \vec{w}_k, \vec{w}_k \rangle}\vec{w}_k \\ &= (\vec{w}_1, \cdots, \vec{w}_k)\left(\frac{\vec{w}_1^{\mathrm{H}}}{\langle \vec{w}_1, \vec{w}_1 \rangle}, \cdots, \frac{\vec{w}_k^{\mathrm{H}}}{\langle \vec{w}_k, \vec{w}_k \rangle}\right)\vec{z} \\ &= (\vec{w}_1, \cdots, \vec{w}_k)\mathrm{diag}(\langle \vec{w}_1, \vec{w}_1 \rangle^{-1}, \cdots, \langle \vec{w}_k, \vec{w}_k \rangle^{-1})(\vec{w}_1^{\mathrm{H}}, \cdots, \vec{w}_k^{\mathrm{H}})\vec{z} \\ &= \boldsymbol{U}(\boldsymbol{U}^{\mathrm{H}}\boldsymbol{U})^{-1}\boldsymbol{U}^{\mathrm{H}}\vec{z}\end{aligned}$$

这说明 $\boldsymbol{U}(\boldsymbol{U}^{\mathrm{H}}\boldsymbol{U})^{-1}\boldsymbol{U}^{\mathrm{H}}$ 即为所求正交投影矩阵。进一步，若 $\boldsymbol{A}$ 为由一般基向量所构成的矩阵，则存在可逆矩阵 $\boldsymbol{C}$，使 $\boldsymbol{U} = \boldsymbol{AC}$。代入得 $\boldsymbol{U}(\boldsymbol{U}^{\mathrm{H}}\boldsymbol{U})^{-1}\boldsymbol{U}^{\mathrm{H}} = \boldsymbol{AC}[(\boldsymbol{AC})^{\mathrm{H}}\boldsymbol{AC}]^{-1} \cdot (\boldsymbol{AC})^{\mathrm{H}} = \boldsymbol{ACC}^{-1}(\boldsymbol{A}^{\mathrm{H}}\boldsymbol{A})^{-1}(\boldsymbol{C}^{\mathrm{H}})^{-1}\boldsymbol{C}^{\mathrm{H}}\boldsymbol{A}^{\mathrm{H}} = \boldsymbol{A}(\boldsymbol{A}^{\mathrm{H}}\boldsymbol{A})^{-1}\boldsymbol{A}^{\mathrm{H}}$。证毕。 □

正交投影矩阵最重要的一个性质是：它与共轭对称的**幂等矩阵**（$\boldsymbol{P}^2 = \boldsymbol{P}, \boldsymbol{P}^{\mathrm{H}} = \boldsymbol{P}$）是一一对应的。

定理 9.4.2 $\boldsymbol{P}$ 为 $\mathbb{C}^n$ 中的正交投影矩阵当且仅当它是共轭对称的幂等矩阵。

证明 充分性。由正交投影矩阵的表达式 $\boldsymbol{P}=\boldsymbol{A}(\boldsymbol{A}^{\mathrm{H}}\boldsymbol{A})^{-1}\boldsymbol{A}^{\mathrm{H}}$ 直接检验即知。

必要性。设 $\boldsymbol{P}$ 为共轭对称的幂等矩阵，对于任意向量 $\vec{z}\in\mathbb{C}^n$，$\vec{z}=\boldsymbol{P}\vec{z}+(\boldsymbol{I}_n-\boldsymbol{P})\vec{z}$。令 $W=\{\boldsymbol{P}\vec{z}|\forall\vec{z}\in\mathbb{C}^n\}$，$V=\{(\boldsymbol{I}_n-\boldsymbol{P})\vec{z}|\forall\vec{z}\in\mathbb{C}^n\}$，显然只需证明 W 和 V 中任意两个向量正交即可说明 $V=W^{\perp}$，$\mathbb{C}^n=W\oplus W^{\perp}$，从而说明 $\boldsymbol{P}$ 为正交投影矩阵。任取向量 $\vec{x}\in W$，$\vec{y}\in V$，存在 $\vec{z_1},\vec{z_2}\in\mathbb{C}^n$，使得 $\vec{x}=\boldsymbol{P}\vec{z_1}$，$\vec{y}=(\boldsymbol{I}_n-\boldsymbol{P})\vec{z_2}$。因此 $\langle\vec{x},\vec{y}\rangle=\langle\boldsymbol{P}\vec{z_1},(\boldsymbol{I}_n-\boldsymbol{P})\vec{z_2}\rangle=\vec{z_1}^{\mathrm{H}}\boldsymbol{P}^{\mathrm{H}}(\boldsymbol{I}_n-\boldsymbol{P})\vec{z_2}=\vec{z_1}^{\mathrm{H}}\boldsymbol{P}(\boldsymbol{I}_n-\boldsymbol{P})\vec{z_2}=0$。证毕。 □

正交投影的另外一个重要性质是：它能使得原向量与投影向量之间的距离最小。

定理 9.4.3 $\boldsymbol{P}_W$ 为 $\mathbb{C}^n$ 到其子空间 W 的正交投影矩阵，当且仅当 $\forall\vec{z}\in\mathbb{C}^n$，$\forall\vec{x}\in W$，都有 $|\vec{z}-\boldsymbol{P}_W\vec{z}|\leqslant|\vec{z}-\vec{x}|$。

证明 充分性。

$$
\begin{aligned}
&\langle\vec{z}-\vec{x},\vec{z}-\vec{x}\rangle=\langle\vec{z}-\boldsymbol{P}_W\vec{z}+\boldsymbol{P}_W\vec{z}-\vec{x},\vec{z}-\boldsymbol{P}_W\vec{z}+\boldsymbol{P}_W\vec{z}-\vec{x}\rangle\\
&=\langle\vec{z}-\boldsymbol{P}_W\vec{z},\vec{z}-\boldsymbol{P}_W\vec{z}\rangle+\langle\boldsymbol{P}_W\vec{z}-\vec{x},\boldsymbol{P}_W\vec{z}-\vec{x}\rangle+2\mathrm{Re}\langle\vec{z}-\boldsymbol{P}_W\vec{z},\boldsymbol{P}_W\vec{z}-\vec{x}\rangle\\
&=\langle\vec{z}-\boldsymbol{P}_W\vec{z},\vec{z}-\boldsymbol{P}_W\vec{z}\rangle+\langle\boldsymbol{P}_W\vec{z}-\vec{x},\boldsymbol{P}_W\vec{z}-\vec{x}\rangle\\
&\geqslant\langle\vec{z}-\boldsymbol{P}_W\vec{z},\vec{z}-\boldsymbol{P}_W\vec{z}\rangle
\end{aligned}
$$

其中 $\langle\vec{z}-\boldsymbol{P}_W\vec{z},\boldsymbol{P}_W\vec{z}-\vec{x}\rangle=0$，因为 $\vec{z}-\boldsymbol{P}_W\vec{z}\in W^{\perp},\boldsymbol{P}_W\vec{z}-\vec{x}\in W$。

必要性。构造实值函数 $f(\vec{x})=\langle\vec{z}-\vec{x},\vec{z}-\vec{x}\rangle$，其中 $\vec{z}\in\mathbb{C}^n$，$\vec{x}\in W$。设 $f(\vec{x})$ 在 $\hat{\vec{x}}$ 处取得极小值。考察实值函数 $g(t;\vec{y})=f(\hat{\vec{x}}-t\vec{y})$，其中 $t\in\mathbb{R}$，$\vec{y}\in W$。显然当 $t=0$ 时，$g(t;\vec{y})$ 取得极小值。由极值的必要条件 $g'(0;\vec{y})=0$，可得 $\mathrm{Re}\langle\vec{z}-\hat{\vec{x}},\vec{y}\rangle=0$。同理，考察实值函数 $h(t;\vec{y})=f(\hat{\vec{x}}-\mathrm{i}t\vec{y})$，其中 i 为虚数单位，可得 $\mathrm{Im}\langle\vec{z}-\hat{\vec{x}},\vec{y}\rangle=0$。合并得到，$\forall\vec{y}\in W$，均有 $\langle\vec{z}-\hat{\vec{x}},\vec{y}\rangle=0$。这说明 $\vec{z}-\hat{\vec{x}}\in W^{\perp}$。故 $\hat{\vec{x}}=\boldsymbol{P}_W\vec{z}$。证毕。 □

例子 9.4.1 在求解超定线性方程组（方程个数大于未知变元个数导致方程组无解）时，最小二乘法是一类常用的方法。定义非齐次线性方程组 $\boldsymbol{A}_{m\times n}\vec{x}=\vec{y}$ 的最小二乘解为

$$\hat{\vec{x}}=\arg\min_{\vec{x}\in\mathbb{C}^n}\langle\boldsymbol{A}\vec{x}-\vec{y},\boldsymbol{A}\vec{x}-\vec{y}\rangle$$

很显然，非齐次线性方程组 $\boldsymbol{A}\vec{x}=\vec{y}$ 无解的关键原因在于向量 $\vec{y}$ 不在矩阵 $\boldsymbol{A}$ 的列向量所构成的线性空间中，因此我们只需要将 $\vec{y}$ 投影到该空间中即可。假设 $\boldsymbol{P}$ 为 $\mathbb{C}^n$ 到矩阵 $\boldsymbol{A}$ 的列向量所构成的线性空间的正交投影矩阵，则 $\boldsymbol{A}\vec{x}=\boldsymbol{P}\vec{y}$ 必有解。根据正交投影向量到原向量距离最小的性质可知，$\boldsymbol{A}\vec{x}=\vec{y}$ 最小二乘解等价于求解 $\boldsymbol{A}\vec{x}=\boldsymbol{P}\vec{y}$。

9.5 练习

练习 9.5.1 假设在 $\mathbb{R}^4$ 中有向量 $\vec{x}_1=(1,0,0,1)$，$\vec{x}_2=(0,1,1,0)$，$\vec{x}_3=(1,1,0,0)$。试对该向量组做施密特正交化。

练习 9.5.2 试求正交矩阵 P，使得 $\boldsymbol{P}^{\mathrm{T}}\boldsymbol{A}\boldsymbol{P}$ 是对角矩阵，这里 $\boldsymbol{A}$ 取如下矩阵之一：

(1) $\begin{pmatrix} 1 & 2 \\ 2 & 1 \end{pmatrix}$；

(2) $\begin{pmatrix} 0 & 1 & 1 \\ 1 & 0 & -3 \\ 1 & -3 & 0 \end{pmatrix}$；

(3) $\begin{pmatrix} 1 & 1 & 1 \\ 1 & 0 & 1 \\ 1 & 1 & 0 \end{pmatrix}$。

练习 9.5.3 试证 $\mathbb{R}^2$ 的正交基必能写成如下两种形式之一，其中 $\theta \in \mathbb{R}$：

(1) $\vec{x}_1 = (\cos\theta, \sin\theta), \vec{x}_2 = (-\sin\theta, \cos\theta)$；

(2) $\vec{x}_1 = (\cos\theta, \sin\theta), \vec{x}_2 = (\sin\theta, -\cos\theta)$。

练习 9.5.4 证明在欧几里得空间中，若一个向量与某个向量组中任意向量都正交，则它与该向量组中向量的任意线性组合也正交。

练习 9.5.5 证明在欧几里得空间中，若一个向量与其他所有向量都正交，则它必为零向量。

练习 9.5.6 证明若 $\boldsymbol{A}, \boldsymbol{B}$ 均为 n 阶正交矩阵，则 $\boldsymbol{AB}$ 也为正交矩阵。

练习 9.5.7 证明若正交矩阵为上/下三角矩阵，则其一定是对角矩阵，且主对角元素均为 ± 1。

练习 9.5.8 证明若 $\boldsymbol{A}$ 为 n 阶正交矩阵，向量 $\vec{b} \in \mathbb{R}^n$, 则 $|A\vec{b}| = |\vec{b}|$。

练习 9.5.9 给出实数域上所有 2 阶、3 阶正交矩阵的表达式。

练习 9.5.10 证明若两个实对称矩阵有相同的特征多项式，则它们相似。

练习 9.5.11 证明若一个实矩阵正交相似于主对角矩阵，则该矩阵一定是对称矩阵。

练习 9.5.12 证明若矩阵 $\boldsymbol{A}_{m\times n}$ 为实矩阵，则 $\boldsymbol{A}^{\mathrm{T}}\boldsymbol{A}$ 的特征值均为非负实数。

练习 9.5.13 证明若矩阵 $\boldsymbol{A}$ 为实对称矩阵，且 $\boldsymbol{A}^k$ 为零矩阵，其中 k 为正整数，则 $\boldsymbol{A}$ 为零矩阵。

10 矩阵分解与广义逆 *

科学研究和工程应用中会涉及大量矩阵计算，特别是矩阵乘法需要消耗大量的计算资源。而矩阵的相似变换和合同变换本质上都是寻求将目标矩阵化为少数特殊矩阵乘积的形式，从而化简矩阵计算或者方便矩阵性质的分析。下面我们将介绍若干种科学计算中常用的矩阵分解方法。

10.1 LU 分解

LU 分解和高斯消去法直接联系。考虑初等行变换将矩阵 $\boldsymbol{A}$ 化为阶梯形上三角矩阵 $\boldsymbol{U}$ 的过程。通过不断施加初等变换矩阵 $\boldsymbol{E}_1, \boldsymbol{E}_2, \cdots, \boldsymbol{E}_n$，先后利用 a_{11} 将矩阵 $\boldsymbol{A}$ 的第一列所有其他元素 $a_{21}, \cdots, a_{n1}$ 都消成零,用 a_{22} 将第二列下方所有元素 $a_{32}, \cdots, a_{n2}$ 消成零，直至用 $a_{n-1,n-1}$ 将 $a_{n,n-1}$ 消成零，即有 $(\boldsymbol{E}_n \cdots \boldsymbol{E}_1)\boldsymbol{A} = \boldsymbol{U}$。不难看到，上述初等变换矩阵均为下三角矩阵，且主对角线上元素均为 1，因此 $E_n \cdots E_1$ 仍为主对角线上元素均为 1 的下三角矩阵。引入 $\boldsymbol{L} = \boldsymbol{E}_1^{-1} \cdots \boldsymbol{E}_n^{-1}$，$\boldsymbol{A} = \boldsymbol{LU}$ 即为所求。在上述分解中，由于主对角线上并不一定总为非零元素，因此 LU 分解并不总是存在的。但是若该分解存在，则必然是唯一的。

定理 10.1.1 若 n 阶方阵 $\boldsymbol{A}$ 为可逆矩阵，且其 LU 分解存在的话，则矩阵 $\boldsymbol{A}$ 可以唯一分解为一个下三角矩阵 $\boldsymbol{L}$（对角线元素均为 1）和一个上三角矩阵 $\boldsymbol{U}$ 的乘积，即 $\boldsymbol{A} = \boldsymbol{LU}$。

证明 设 $\boldsymbol{A} = \boldsymbol{L}_1\boldsymbol{U}_1$ 和 $\boldsymbol{A} = \boldsymbol{L}_2\boldsymbol{U}_2$ 为两个不同的 LU 分解，则

$$\boldsymbol{L}_1\boldsymbol{U}_1 = \boldsymbol{L}_2\boldsymbol{U}_2 \Rightarrow (\boldsymbol{L}_2)^{-1}\boldsymbol{L}_1 = \boldsymbol{U}_2(\boldsymbol{U}_1)^{-1}$$

因为 $(\boldsymbol{L}_2)^{-1}\boldsymbol{L}_1$ 为下三角矩阵，而 $\boldsymbol{U}_2(\boldsymbol{U}_1)^{-1}$ 为上三角矩阵，所以这两个矩阵均为单位矩阵。这说明 $\boldsymbol{L}_1 = \boldsymbol{L}_2$，$\boldsymbol{U}_1 = \boldsymbol{U}_2$，即 LU 分解若存在，则必唯一。 □

LU 分解中，因为每次选择的都是主对角线上元素进行消去法，所以该方法的数值稳定性一般较差。在实际计算中，为了增强数值计算稳定性，我们可以转而选择每列中模最大的元素作为主元，通过初等行变换将其调整到主对角线，再进行后续 LU 分解。这种方法称为 PLU 分解，是 LU 分解方法的一种改进。一方面 PLU 分解具有较好的数值计算稳定性，另一方面可以证明，对于任意方阵，PLU 分解总是存在的，虽然并不唯一。

当 $\boldsymbol{A}$ 为对称正定矩阵时，LU 分解的一种特殊形式是**乔列斯基分解**。

定理 10.1.2 当 $\boldsymbol{A} \in \mathbb{R}^{n\times n}$ 为对称正定矩阵时，则矩阵 $\boldsymbol{A}$ 可以进行唯一分解，为 $\boldsymbol{A} = \boldsymbol{LL}^{\mathrm{T}}$，其中 $\boldsymbol{L}$ 为下三角矩阵。

证明 存在性。用归纳法进行证明。当 $n=1$ 时，结果显然成立。假设当 $n=k$ 时，乔列斯基分解存在。当 $n=k+1$ 时，有

$$\begin{pmatrix} \tilde{\boldsymbol{A}} & \vec{b} \\ \vec{b}^{\mathrm{T}} & \alpha \end{pmatrix}$$

其中 $\tilde{\boldsymbol{A}}$ 为 k 阶对称正定矩阵。因此，根据假设，存在乔列斯基分解，使得 $\tilde{\boldsymbol{A}}=\tilde{\boldsymbol{L}}\tilde{\boldsymbol{L}}^{\mathrm{T}}$。考虑

$$\boldsymbol{B}=\boldsymbol{L}_1^{-1}\boldsymbol{A}(\boldsymbol{L}_1^{\mathrm{T}})^{-1}=\begin{pmatrix} \tilde{\boldsymbol{L}}^{-1} & \vec{0} \\ \vec{0}^{\mathrm{T}} & 1 \end{pmatrix}\begin{pmatrix} \tilde{\boldsymbol{A}} & \vec{b} \\ \vec{b}^{\mathrm{T}} & \alpha \end{pmatrix}\begin{pmatrix} (\tilde{\boldsymbol{L}}^{\mathrm{T}})^{-1} & \vec{0} \\ \vec{0}^{\mathrm{T}} & 1 \end{pmatrix}=\begin{pmatrix} \boldsymbol{I}_k & \tilde{\boldsymbol{L}}^{-1}\vec{b} \\ \vec{b}^{\mathrm{T}}(\tilde{\boldsymbol{L}}^{\mathrm{T}})^{-1} & \alpha \end{pmatrix}$$

接下来消去向量 $\vec{b}$。

$$\begin{aligned}\boldsymbol{C}=\boldsymbol{L}_2^{-1}\boldsymbol{B}(\boldsymbol{L}_2^{\mathrm{T}})^{-1}&=\begin{pmatrix} \boldsymbol{I}_k & \vec{0}^{\mathrm{T}} \\ -\vec{b}^{\mathrm{T}}(\tilde{\boldsymbol{L}}^{\mathrm{T}})^{-1} & 1 \end{pmatrix}\begin{pmatrix} \boldsymbol{I}_k & \tilde{\boldsymbol{L}}^{-1}\vec{b} \\ \vec{b}^{\mathrm{T}}(\tilde{\boldsymbol{L}}^{\mathrm{T}})^{-1} & \alpha \end{pmatrix}\begin{pmatrix} \boldsymbol{I}_k & -\tilde{\boldsymbol{L}}^{-1}\vec{b} \\ \vec{0} & 1 \end{pmatrix}\\&=\begin{pmatrix} \boldsymbol{I}_k & \vec{0} \\ \vec{0}^{\mathrm{T}} & \alpha-\vec{b}^{\mathrm{T}}(\tilde{\boldsymbol{L}}^{\mathrm{T}})^{-1}\tilde{\boldsymbol{L}}^{-1}\vec{b} \end{pmatrix}\end{aligned}$$

上述进行的都是合同变换，因此并不改变矩阵 $\boldsymbol{A}$ 特征值的符号，这说明 $\alpha-\vec{b}^{\mathrm{T}}(\tilde{\boldsymbol{L}}^{\mathrm{T}})^{-1}\cdot\tilde{\boldsymbol{L}}^{-1}\vec{b}=\lambda^2>0$。引入 $\boldsymbol{L}_3$，满足

$$\boldsymbol{L}_3^{-1}\boldsymbol{C}(\boldsymbol{L}_3^{\mathrm{T}})^{-1}=\begin{pmatrix} \boldsymbol{I}_k & \vec{0} \\ \vec{0}^{\mathrm{T}} & \lambda^{-1} \end{pmatrix}\begin{pmatrix} \boldsymbol{I}_k & \vec{0} \\ \vec{0}^{\mathrm{T}} & \lambda^{2} \end{pmatrix}\begin{pmatrix} \boldsymbol{I}_k & \vec{0} \\ \vec{0}^{\mathrm{T}} & \lambda^{-1} \end{pmatrix}=\boldsymbol{I}_{k+1}$$

因此令下三角矩阵 $\boldsymbol{L}=\boldsymbol{L}_3\boldsymbol{L}_2\boldsymbol{L}_1$，即可说明乔列斯基分解的存在性。

唯一性。此部分证明类似于 LU 分解的唯一性。设存在两种不同的乔列斯基分解，$\boldsymbol{A}=\boldsymbol{L}_1\boldsymbol{L}_1^{\mathrm{T}}=\boldsymbol{L}_2\boldsymbol{L}_2^{\mathrm{T}}$。据此，

$$(\boldsymbol{L}_2)^{-1}\boldsymbol{L}_1=\boldsymbol{L}_2^{\mathrm{T}}(\boldsymbol{L}_1^{\mathrm{T}})^{-1}$$

因为 $(\boldsymbol{L}_2)^{-1}\boldsymbol{L}_1$ 为下三角矩阵，而 $\boldsymbol{L}_2^{\mathrm{T}}(\boldsymbol{L}_1^{\mathrm{T}})^{-1}$ 为上三角矩阵，所以这两个矩阵均为对角矩阵，记为 $\boldsymbol{D}$。另外，$\boldsymbol{I}=(\boldsymbol{L}_2)^{-1}\boldsymbol{A}(\boldsymbol{L}_2^{\mathrm{T}})^{-1}=(\boldsymbol{L}_2)^{-1}\boldsymbol{L}_1\boldsymbol{L}_1^{\mathrm{T}}(\boldsymbol{L}_2^{\mathrm{T}})^{-1}=[(\boldsymbol{L}_2)^{-1}L_1][(\boldsymbol{L}_2)^{-1}\boldsymbol{L}_1]^{\mathrm{T}}=\boldsymbol{D}\boldsymbol{D}^{\mathrm{T}}$。这说明 $\boldsymbol{D}=\boldsymbol{I}$，即 $\boldsymbol{L}_1=\boldsymbol{L}_2$。 □

乔列斯基分解可以通过下述步骤来进行计算。考虑对称正定矩阵

$$\boldsymbol{A}=\begin{pmatrix} a_{11} & \cdots & a_{1n} \\ \vdots & & \vdots \\ a_{n1} & \cdots & a_{nn} \end{pmatrix}=\begin{pmatrix} l_{11} & 0 & \cdots & 0 \\ l_{21} & l_{22} & \cdots & 0 \\ \vdots & \vdots & & \vdots \\ l_{n1} & l_{n2} & \cdots & l_{nn} \end{pmatrix}\begin{pmatrix} l_{11} & l_{21} & \cdots & l_{n1} \\ 0 & l_{22} & \cdots & l_{n2} \\ \vdots & \vdots & & \vdots \\ 0 & 0 & \cdots & l_{nn} \end{pmatrix}=\boldsymbol{L}\boldsymbol{L}^{\mathrm{T}}$$

简单计算可得关系式 $a_{ij}=\sum\limits_{k=1}^{j} l_{ik}l_{jk}$，$i\geqslant j$。由此，我们可以得到递推公式，从第一列最上方元素开始逐次求解出 $\boldsymbol{L}$ 矩阵中的所有元素：

$$l_{jj}=\left(a_{jj}-\sum_{k=1}^{j-1} l_{jk}^2\right)^{1/2},\quad j=1,\cdots,n$$

$$l_{ij}=\frac{a_{ij}-\sum\limits_{k=1}^{j-1} l_{ik}l_{jk}}{l_{jj}},\quad i=j+1,\cdots,n$$

在求解线性代数方程组 $\boldsymbol{A}\vec{x}=\vec{b}$ 方面，相比于高斯消去法，LU 分解优点主要在于：只需一次分解 $\boldsymbol{A}=\boldsymbol{L}\boldsymbol{U}$，之后方程组求解可以分为两步 $\boldsymbol{L}\vec{y}=\vec{b}$ 和 $\boldsymbol{U}\vec{x}=\vec{y}$。而这两个方程都只需要根据变元由上到下或由下到上顺序求解即可，求解过程非常简单。因此，LU 分解只需要较少的计算量即可完成不同常数项的求解问题。

10.2 QR 分解

定理 10.2.1 在欧几里得空间中，对于任意 $m\times n$ 的列满秩 $\boldsymbol{A}$，一定存在标准正交向量组矩阵 $\boldsymbol{Q}_{m\times n}$ 和上三角矩阵 $\boldsymbol{R}_{n\times n}$，使得 $\boldsymbol{A}=\boldsymbol{Q}\boldsymbol{R}$，这称为矩阵 $\boldsymbol{A}$ 的 QR 分解。

证明 存在性。矩阵 $\boldsymbol{A}$ 列满秩，说明它的列向量组 $\vec{a}_1,\cdots,\vec{a}_n$ 线性无关，因此可以对列向量进行施密特正交化。

$$\vec{b}_1=\vec{a}_1$$

$$\vec{b}_2=\vec{a}_2-k_{21}\vec{b}_1$$

$$\cdots\cdots$$

$$\vec{b}_n=\vec{a}_n-k_{n1}\vec{b}_1-\cdots-k_{n,n-1}\vec{b}_{n-1}$$

其中，$k_{ij}=\langle\vec{a}_i,\vec{b}_j\rangle/\langle\vec{b}_j,\vec{b}_j\rangle$，为施密特正交化过程中每项前面对应的系数。将 $\vec{b}_i$ 单位化，记为 $\vec{u}_i=\vec{b}_i/|\vec{b}_i|$。带入移项后，我们可以将 $\vec{a}_i$ 与 $\vec{u}_j$ 之间的关系通过如下矩阵写出：

$$\boldsymbol{A}=(\vec{a}_1,\cdots,\vec{a}_n)=(\vec{u}_1,\cdots,\vec{u}_n)\begin{pmatrix}|\vec{b}_1| & k_{21}|\vec{b}_1| & k_{31}|\vec{b}_1| & \cdots & k_{n1}|\vec{b}_1|\\ 0 & |\vec{b}_2| & k_{32}|\vec{b}_2| & \cdots & k_{n2}|\vec{b}_2|\\ \vdots & \vdots & \vdots & & \vdots\\ 0 & 0 & 0 & 0 & |\vec{b}_n|\end{pmatrix}=\boldsymbol{Q}\boldsymbol{R}$$

唯一性。设存在两种不同的 QR 分解，即 $\boldsymbol{A}=\boldsymbol{Q}_1\boldsymbol{R}_1=\boldsymbol{Q}_2\boldsymbol{R}_2$。计算

$$\boldsymbol{A}^{\mathrm{T}}\boldsymbol{A}=(\boldsymbol{Q}_1\boldsymbol{R}_1)^{\mathrm{T}}(\boldsymbol{Q}_1\boldsymbol{R}_1)=\boldsymbol{R}_1^{\mathrm{T}}\boldsymbol{R}_1=\boldsymbol{R}_2^{\mathrm{T}}\boldsymbol{R}_2$$

由此得到

$$(\boldsymbol{R}_2^{\mathrm{T}})^{-1}\boldsymbol{R}_1^{\mathrm{T}}\boldsymbol{R}_1\boldsymbol{R}_1^{-1} = (\boldsymbol{R}_2^{\mathrm{T}})^{-1}\boldsymbol{R}_2^{\mathrm{T}}\boldsymbol{R}_2\boldsymbol{R}_1^{-1} \Rightarrow (\boldsymbol{R}_2^{\mathrm{T}})^{-1}\boldsymbol{R}_1^{\mathrm{T}} = \boldsymbol{R}_2\boldsymbol{R}_1^{-1}$$

注意到如下事实：两个上（下）三角阵的乘积仍是上（下）三角阵，上（下）三角阵的逆矩阵仍是上（下）三角阵。因为 $(\boldsymbol{R}_2^{\mathrm{T}})^{-1}\boldsymbol{R}_1^{\mathrm{T}}$ 是下三角矩阵，而 $\boldsymbol{R}_2\boldsymbol{R}_1^{-1}$ 是上三角矩阵，这说明 $(\boldsymbol{R}_2^{\mathrm{T}})^{-1}\boldsymbol{R}_1^{\mathrm{T}} = \boldsymbol{R}_2\boldsymbol{R}_1^{-1} = \boldsymbol{D}$，其中 $\boldsymbol{D}$ 为对角矩阵。进一步，

$$\boldsymbol{D} = (\boldsymbol{R}_2^{\mathrm{T}})^{-1}\boldsymbol{R}_1^{\mathrm{T}} = [(\boldsymbol{D}\boldsymbol{R}_1)^{\mathrm{T}}]^{-1}\boldsymbol{R}_1^{\mathrm{T}} = (\boldsymbol{D}^{\mathrm{T}})^{-1}(\boldsymbol{R}_1^{\mathrm{T}})^{-1}\boldsymbol{R}_1^{\mathrm{T}} = \boldsymbol{D}^{-1}$$

这个结果说明 $\boldsymbol{D}$ 为单位矩阵，即 $\boldsymbol{R}_1 = \boldsymbol{R}_2$，而 $\boldsymbol{Q}_1 = \boldsymbol{A}\boldsymbol{R}_1^{-1} = \boldsymbol{A}\boldsymbol{R}_2^{-1} = \boldsymbol{Q}_2$。因此 QR 分解唯一。 □

基于上述证明，我们可以采用施密特正交化来实现 QR 分解。具体步骤如下：

(1) 对列满秩矩阵 $\boldsymbol{A}_{m\times n}$ 的列向量进行施密特正交化，得到正交向量组矩阵 $\boldsymbol{Q}_{m\times n}$。

(2) 计算上三角矩阵 $\boldsymbol{R}_{n\times n} = (\boldsymbol{Q}^{\mathrm{T}})_{n\times m}\boldsymbol{A}_{m\times n}$。

下面来介绍 QR 分解在最小二乘法求解中的应用。

例子 10.2.1 最小二乘法在数据科学中有着非常广泛的应用。考虑样本数据集 $\{\vec{x_i}, y_i\}$，$\forall 1 \leqslant i \leqslant N$，其中 $\vec{x}$ 表示包含 d 个分量的自变量组，y_i 是因变量，我们希望建立 $\vec{x_i}$ 和 y_i 之间的多元线性回归模型

$$y_i = \beta_0 + \beta_1 x_{i1} + \cdots \beta_d x_{id} + \varepsilon_i,\ \forall 1 \leqslant i \leqslant N$$

其中，β_0 是线性偏置项，$\beta_1, \cdots, \beta_d$ 是线性组合系数，ε_i 表示误差。我们的目标是希望找到最优的参数组合 $\beta_0, \cdots, \beta_d$，使得均方误差最小，即

$$\min_{\beta_0,\cdots,\beta_d} J(\beta_0, \cdots, \beta_d) = \frac{1}{2}\sum_{i=1}^{N}\left(y_i - \beta_0 - \sum_{j=1}^{d}\beta_j x_{ij}\right)^2$$

将上面公式写成矩阵形式。引入向量 $\vec{y} = (y_1, \cdots, y_N)^{\mathrm{T}}$，$\vec{\beta} = (\beta_0, \cdots, \beta_d)^{\mathrm{T}}$，矩阵 $\boldsymbol{X} = (\vec{1}_N, \vec{x}_1, \cdots, \vec{x_d})$，其中 $\vec{1}_N$ 表示长度为 N 的所有元素均为 1 的向量。通常由于数据量非常大，即 $N \gg 1$，我们总是可以假设矩阵 $\boldsymbol{X}$ 列满秩。不难验证，$J(\vec{\beta}) = (\vec{y} - \boldsymbol{X}\vec{\beta})^{\mathrm{T}}(\vec{y} - \boldsymbol{X}\vec{\beta})/2$。损失函数 $J(\vec{\beta})$ 对 β_i 求偏导，可以得到均方误差最小意义下的最优多元线性回归模型：

$$\vec{0} = \frac{\partial J(\vec{\beta})}{\partial \vec{\beta}} = \boldsymbol{X}^{\mathrm{T}}(\boldsymbol{X}\vec{\beta} - \vec{y}) \Rightarrow \vec{\beta}^* = (\boldsymbol{X}^{\mathrm{T}}\boldsymbol{X})^{-1}\boldsymbol{X}^{\mathrm{T}}\vec{y}$$

如何高效准确求解最优参数 $\vec{\beta}^*$ 呢？我们可以利用 QR 分解。假设 $\boldsymbol{X} = \boldsymbol{Q}\boldsymbol{R}$，带入表达式化简后，有

$$\vec{\beta}^* = (\boldsymbol{X}^{\mathrm{T}}\boldsymbol{X})^{-1}\boldsymbol{X}^{\mathrm{T}}\vec{y} = [(\boldsymbol{Q}\boldsymbol{R})^{\mathrm{T}}(\boldsymbol{Q}\boldsymbol{R})]^{-1}(\boldsymbol{Q}\boldsymbol{R})^{\mathrm{T}}\vec{y} = (\boldsymbol{R}^{\mathrm{T}}\boldsymbol{R})^{-1}\boldsymbol{R}^{\mathrm{T}}\boldsymbol{Q}^{\mathrm{T}}\vec{y} = \boldsymbol{R}^{-1}\boldsymbol{Q}^{\mathrm{T}}\vec{y}$$

相比于表达式 $(\boldsymbol{X}^{\mathrm{T}}\boldsymbol{X})^{-1}\boldsymbol{X}^{\mathrm{T}}\vec{y}$，QR 分解的最大优势在于矩阵计算过程中的条件数大大减少，这对于数值计算的适定性是至关重要的。具体讨论可以参考数值分析相关书籍。

10.3 奇异值分解

定理 10.3.1 在欧几里得空间中，假设矩阵 $\boldsymbol{A}_{m\times n}$ 的秩为 r，则存在正交矩阵 $\boldsymbol{U}_{m\times m}$ 和 $\boldsymbol{V}_{n\times n}$，以及分块矩阵 $\boldsymbol{\Sigma}_{m\times n}$，使得

$$\boldsymbol{A} = \boldsymbol{U\Sigma V} = \boldsymbol{U}_{m\times m}\begin{pmatrix}\boldsymbol{D}_{r\times r} & 0\\ 0 & 0\end{pmatrix}_{m\times n}\boldsymbol{V}_{n\times n}$$

其中 $\boldsymbol{D}_{r\times r} = \mathrm{diag}(\sqrt{\lambda_1},\cdots,\sqrt{\lambda_r})$。$\lambda_1 \geqslant \lambda_2 \geqslant \cdots \geqslant \lambda_r > 0$ 为 $\boldsymbol{A}^{\mathrm{T}}\boldsymbol{A}$ 的 r 个非零特征值，$\sqrt{\lambda_1},\cdots,\sqrt{\lambda_r}$ 称为矩阵 $\boldsymbol{A}$ 的**不可逆值**。因此上述分解也称为矩阵 $\boldsymbol{A}$ 的**不可逆值分解或奇异值分解（singuler value decomposition，SVD）**。

证明 矩阵 $\boldsymbol{A}^{\mathrm{T}}\boldsymbol{A}$ 是实对称半正定矩阵，且秩为 r，因此可以假设其有 n 个实特征值 $\lambda_1 \geqslant \lambda_2 \geqslant \cdots \geqslant \lambda_r > 0$，$\lambda_{r+1} = \cdots = \lambda_n = 0$，以及对应的 n 个单位正交特征向量 $\vec{v}_1,\cdots,\vec{v}_n$，满足 $\boldsymbol{A}^{\mathrm{T}}\boldsymbol{A}\vec{v}_i = \lambda_i\vec{v}_i$，$\forall 1\leqslant i\leqslant n$。

考虑 $A\vec{v}_1,\cdots,A\vec{v}_r$，有

$$\langle \boldsymbol{A}\vec{v}_i, \boldsymbol{A}\vec{v}_j\rangle = \vec{v}_i^{\mathrm{T}}\boldsymbol{A}^{\mathrm{T}}\boldsymbol{A}\vec{v}_j = \lambda_j\vec{v}_i^T\vec{v}_j = \lambda_j\delta_{ij}，\forall i,j\in[1,r]$$

这说明 $\boldsymbol{A}\vec{v}_1,\cdots,\boldsymbol{A}\vec{v}_r$ 构成一个正交向量组。可以进一步将其单位化并扩展为 $\mathbb{R}^n$ 空间中的一组标准正交基，$\vec{u}_1 = \boldsymbol{A}\vec{v}_1/|\boldsymbol{A}\vec{v}_1|,\cdots,\vec{u}_r = \boldsymbol{A}\vec{v}_r/|\boldsymbol{A}\vec{v}_r|,\vec{u}_{r+1},\cdots,\vec{u}_n$，其中 $\vec{u}_{r+1},\cdots,\vec{u}_n$ 为扩充的标准正交基。因此

$$\boldsymbol{A}(\vec{v}_1,\cdots,\vec{v}_n) = (\sqrt{\lambda_1}\vec{u}_1,\cdots,\sqrt{\lambda_r}\vec{u}_r,\vec{0},\cdots,\vec{0}) = (\vec{u}_1,\cdots,\vec{u}_n)\begin{pmatrix}\boldsymbol{D}_{r\times r} & 0\\ 0 & 0\end{pmatrix}$$

取 $\boldsymbol{U} = (\vec{u}_1,\cdots,\vec{u}_n)$, $\boldsymbol{V}^{\mathrm{T}} = (\vec{v}_1,\cdots,\vec{v}_n)$，并注意到它们都是正交矩阵，即得所证。□

下面简单总结 SVD 的操作步骤。

(1) 求 $\boldsymbol{A}^{\mathrm{T}}\boldsymbol{A}$ 的 n 个特征向量 $\lambda_1 \geqslant \lambda_2 \geqslant \cdots \geqslant \lambda_r > 0$，$\lambda_{r+1} = \cdots = \lambda_n = 0$，以及对应的 n 个单位正交特征向量 $\vec{v}_1,\cdots,\vec{v}_n$。

(2) 计算单位正交向量组 $\vec{u}_1 = \boldsymbol{A}\vec{v}_1/\sqrt{\lambda_1},\cdots,\vec{u}_r = \boldsymbol{A}\vec{v}_r/\sqrt{\lambda_r}$，并将其扩张为 $\mathbb{R}^n$ 的一组单位正交基 $\vec{u}_1,\cdots,\vec{u}_n$。

(3) 分别取 $\boldsymbol{U} = (\vec{u}_1,\cdots,\vec{u}_n)$, $\boldsymbol{V} = (\vec{v}_1,\cdots,\vec{v}_n)^{\mathrm{T}}$，$\boldsymbol{D} = \mathrm{diag}(\sqrt{\lambda_1},\cdots,\sqrt{\lambda_r})$，即得矩阵 A 的 SVD。

可以看到，不可逆值和特征值非常类似，在不可逆值矩阵中也是按照从大到小排列，而且不可逆值的减少特别快。在很多情况下，前 10% 甚至前 1% 的不可逆值的和就占了全部的不可逆值之和的 99% 以上。也就是说，我们也可以用最大的 k 个不可逆值和对应的左右不可逆向量来近似描述矩阵。因此，SVD 不仅可以用于数据压缩、降维和去噪，也可以用于推荐算法，将用户和喜好对应的矩阵做特征分解，进而得到隐含的用户需求来做推荐等。SVD 的主要缺点是矩阵分解出的特征解释性不强。

10.4 广义逆

在求解线性方程组 $\boldsymbol{A}\vec{x}=\vec{b}$ 时，如果系数矩阵 $\boldsymbol{A}$ 可逆，我们知道这样的方程组一定有唯一解，且可以通过逆矩阵写为 $\vec{x}=\boldsymbol{A}^{-1}\vec{b}$ 的紧凑形式。但是根据之前的定义，一个矩阵是可逆的先决条件是这个矩阵一定是一个方阵。那么对于非方阵，是否可以定义类似的逆矩阵呢？这就涉及如下广义逆的概念。

定义 10.4.1 考虑复数域 $\mathbb{C}$ 上 $m\times n$ 矩阵 $\boldsymbol{A}$，若矩阵 $\boldsymbol{X}$ 满足如下方程组：

$$\begin{cases}\boldsymbol{AXA}=\boldsymbol{A}\\ \boldsymbol{XAX}=\boldsymbol{X}\\ (\boldsymbol{AX})^{\mathrm{H}}=\boldsymbol{AX}\\ (\boldsymbol{XA})^{\mathrm{H}}=\boldsymbol{XA}\end{cases}$$

其中 $\boldsymbol{A}^{\mathrm{H}}$ 表示矩阵 $\boldsymbol{A}$ 的共轭转置，则称 $\boldsymbol{X}$ 为矩阵 $\boldsymbol{A}$ 的**穆尔–彭罗斯广义逆**，记作 $\boldsymbol{A}^{+}$。

注记 10.4.1 不难验证，如果矩阵 $\boldsymbol{A}$ 可逆，那么它也一定满足上面广义逆的要求。这说明广义逆确实是逆矩阵的推广。

定理 10.4.1 *对于复数域上任意非零矩阵 $\boldsymbol{A}$，它的穆尔–彭罗斯广义逆都存在且是唯一的。*

证明 存在性。对矩阵 $\boldsymbol{A}$ 做 SVD，得

$$\boldsymbol{A}=\boldsymbol{U}\begin{pmatrix}\boldsymbol{S}_r & 0\\ 0 & 0\end{pmatrix}\boldsymbol{V}^{-1}$$

令

$$\boldsymbol{X}=\boldsymbol{V}\begin{pmatrix}\boldsymbol{S}_r^{-1} & 0\\ 0 & 0\end{pmatrix}\boldsymbol{U}^{-1}$$

不难验证这个矩阵满足穆尔–彭罗斯广义逆的定义要求。

唯一性。假设矩阵 $\boldsymbol{X},\boldsymbol{Y}$ 均为矩阵 $\boldsymbol{A}$ 的广义逆，有

$$\begin{aligned}\boldsymbol{X}&=\boldsymbol{XAX}=\boldsymbol{X}(\boldsymbol{AX})^{\mathrm{H}}=\boldsymbol{XX}^{\mathrm{H}}\boldsymbol{A}^{\mathrm{H}}=\boldsymbol{XX}^{\mathrm{H}}(\boldsymbol{AYA})^{\mathrm{H}}=\boldsymbol{XX}^{\mathrm{H}}\boldsymbol{A}^{\mathrm{H}}\boldsymbol{Y}^{\mathrm{H}}\boldsymbol{A}^{\mathrm{H}}\\ &=\boldsymbol{X}(\boldsymbol{AX})^{\mathrm{H}}(\boldsymbol{AY})^{\mathrm{H}}=\boldsymbol{X}(\boldsymbol{AX})(\boldsymbol{AY})=(\boldsymbol{XAX})\boldsymbol{AY}=\boldsymbol{XAY}\end{aligned}$$

类似地，同样可以计算

$$\begin{aligned}\boldsymbol{Y}&=\boldsymbol{YAY}=(\boldsymbol{YA})^{\mathrm{H}}\boldsymbol{Y}=\boldsymbol{A}^{\mathrm{H}}\boldsymbol{Y}^{\mathrm{H}}\boldsymbol{Y}=(\boldsymbol{AXA})^{\mathrm{H}}\boldsymbol{Y}^{\mathrm{H}}\boldsymbol{Y}=\boldsymbol{A}^{\mathrm{H}}\boldsymbol{X}^{\mathrm{H}}\boldsymbol{A}^{\mathrm{H}}\boldsymbol{Y}^{\mathrm{H}}\boldsymbol{Y}\\ &=(\boldsymbol{XA})^{\mathrm{H}}(\boldsymbol{YA})^{\mathrm{H}}\boldsymbol{Y}=\boldsymbol{XA}(\boldsymbol{YAY})=\boldsymbol{XAY}\end{aligned}$$

联立两式说明 $\boldsymbol{X}=\boldsymbol{Y}$。 □

下面基于广义逆来讨论线性方程组解的问题。

命题 10.4.1 在复数域上，非齐次线性方程组 $\boldsymbol{A}\vec{x}=\vec{b}$ 有解的充分必要条件是 $\vec{b}=\boldsymbol{A}\boldsymbol{A}^{+}\vec{b}$。此时，$\vec{x}=\boldsymbol{A}^{+}\vec{b}$ 给出方程的一组解。

证明 若 $\vec{b}=\boldsymbol{A}\boldsymbol{A}^{+}\vec{b}$，则说明 $\vec{x}=\boldsymbol{A}^{+}\vec{b}$ 是 $\boldsymbol{A}\vec{x}=\vec{b}$ 的一组解。反之，若 $\boldsymbol{A}\vec{x}=\vec{b}$ 有解，则说明 $\vec{b}=\boldsymbol{A}\vec{x}=\boldsymbol{A}\boldsymbol{A}^{+}\boldsymbol{A}\vec{x}=\boldsymbol{A}\boldsymbol{A}^{+}\vec{b}$。命题得证。 □

注记 10.4.2 若希望在非齐次线性方程组有解的前提下，得到它的通解，可以将穆尔–彭罗斯广义逆的要求放松，只保留第一个条件。此时广义逆一般不再唯一，但是可以证明 $\vec{x}=\boldsymbol{A}^{+}\vec{b}$ 仍然是 $\boldsymbol{A}\vec{x}=\vec{b}$ 的解，且给出通解的形式。

10.5 单侧逆

类似于广义逆，对于一般 $m\times n$ 矩阵 $\boldsymbol{A}$，也可以引入如下单侧逆的推广。

定义 10.5.1 在数域 $\mathbb{F}$ 上，若矩阵 $\boldsymbol{BA}=\boldsymbol{I}$，则称矩阵 $\boldsymbol{B}$ 为 $\boldsymbol{A}$ 的**左逆**，矩阵 $\boldsymbol{A}$ 为 $\boldsymbol{B}$ 的**右逆**，统称**单侧逆**。

不同于复数域上的广义逆，单侧逆并不一定总是存在的。事实上，对于单侧逆有如下刻画。

定理 10.5.1 在复数域上，矩阵 $\boldsymbol{A}$ 有左逆当且仅当 $\boldsymbol{A}$ 列满秩；矩阵 $\boldsymbol{B}$ 有右逆当且仅当 $\boldsymbol{B}$ 行满秩。

证明 充分性。设 $\boldsymbol{B}_{n\times m}$ 为 $\boldsymbol{A}_{m\times n}$ 的左逆，因此 $\boldsymbol{BA}=\boldsymbol{I}_n$。根据乘积矩阵秩的公式，$\operatorname{rank}(\boldsymbol{BA})=\operatorname{rank}(\boldsymbol{I}_n)=n\leqslant\min\{\operatorname{rank}(\boldsymbol{B}),\operatorname{rank}(\boldsymbol{A})\}$。这说明矩阵 $\boldsymbol{A}$ 列满秩，矩阵 $\boldsymbol{B}$ 行满秩。

必要性。若矩阵 $\boldsymbol{A}$ 列满秩，则 $\boldsymbol{A}^{\mathrm{H}}\boldsymbol{A}$ 可逆。令 $\boldsymbol{B}=(\boldsymbol{A}^{\mathrm{H}}\boldsymbol{A})^{-1}\boldsymbol{A}^{\mathrm{H}}$，显然 $\boldsymbol{BA}=\boldsymbol{I}_n$。同理，若矩阵 $\boldsymbol{B}$ 行满秩，则 $\boldsymbol{B}\boldsymbol{B}^{\mathrm{H}}$ 可逆。令 $\boldsymbol{A}=\boldsymbol{B}^{\mathrm{H}}(\boldsymbol{B}\boldsymbol{B}^{\mathrm{H}})^{-1}$，则有 $\boldsymbol{BA}=\boldsymbol{I}_n$。证毕。 □

除了存在性没有保证，单侧逆也未必是唯一的。事实上，除非一个矩阵是可逆的，不然这个矩阵要么没有单侧逆，要么有无穷多个单侧逆。这里以右逆为例，若 $\boldsymbol{BA}=\boldsymbol{I}_n$，则 $\boldsymbol{B}(\boldsymbol{A}+\boldsymbol{C})=\boldsymbol{I}_n$，其中矩阵 $\boldsymbol{C}$ 满足 $\boldsymbol{BC}$ 为 $n\times n$ 零矩阵。显然因为 $\boldsymbol{B}_{n\times m}$ 行满秩但又不是可逆矩阵（这说明 $m>n$），故这样的矩阵 $\boldsymbol{C}$ 有无穷多个。

那么广义逆和单侧逆是什么关系呢？事实上，广义逆的第一个条件已经完全包含单侧逆的定义。

命题 10.5.1 在复数域上，若矩阵 $\boldsymbol{A}$ 的左逆存在，则 $\boldsymbol{BA}=\boldsymbol{I}$ 当且仅当 $\boldsymbol{ABA}=\boldsymbol{A}$；同理，若矩阵 $\boldsymbol{B}$ 的右逆存在，则 $\boldsymbol{BA}=\boldsymbol{I}$ 当且仅当 $\boldsymbol{ABA}=\boldsymbol{A}$。

证明 假设矩阵 $\boldsymbol{A}$ 的左逆存在且为 $\boldsymbol{B}$，则显然由 $\boldsymbol{BA}=\boldsymbol{I}$ 推出 $\boldsymbol{ABA}=\boldsymbol{A}$。反之，在矩阵 $\boldsymbol{A}$ 的左逆存在的前提下，若有 $\boldsymbol{ABA}=\boldsymbol{A}$，移项得 $\boldsymbol{0}=\boldsymbol{ABA}-\boldsymbol{A}=\boldsymbol{A}(\boldsymbol{BA}-\boldsymbol{I})$。两端同时乘以 $\boldsymbol{A}$ 的左逆，得到 $\boldsymbol{BA}=\boldsymbol{I}$，这说明 $\boldsymbol{B}$ 也是 $\boldsymbol{A}$ 的一个左逆。对于右逆的情况同理可证。 □

10.6 练习

练习 10.6.1 证明穆尔–彭罗斯广义逆具有如下性质：

(1) $(\boldsymbol{A}^+)^+ = \boldsymbol{A}$；

(2) $(\boldsymbol{A}^+)^{\mathrm{H}} = (\boldsymbol{A}^{\mathrm{H}})^+$；

(3) $(\boldsymbol{A}^+)^{\mathrm{T}} = (\boldsymbol{A}^{\mathrm{T}})^+$；

(4) $\mathrm{rank}(\boldsymbol{A}^+) = \mathrm{rank}(\boldsymbol{A})$。

练习 10.6.2 举例说明 $(\boldsymbol{AB})^+ \neq \boldsymbol{B}^+\boldsymbol{A}^+$。

练习 10.6.3 证明若 $s \times n$ 矩阵 $\boldsymbol{A}$ 行满秩，则有 $\boldsymbol{AA}^+ = \boldsymbol{I}_s$；反之，若矩阵 $\boldsymbol{A}$ 列满秩，则有 $\boldsymbol{A}^+\boldsymbol{A} = \boldsymbol{I}_n$。

练习 10.6.4 在单侧逆存在的前提下，请分别验证左逆和右逆分别满足穆尔–彭罗斯广义逆定义中的哪些条件。

11 线性代数的应用 *

11.1 线性相关与量纲分析

量纲分析是科学研究和工程应用领域中的一件非常有用的利器，比如描述湍流行为的著名的 $-5/3$ 标度律，即是柯尔莫戈洛夫应用量纲分析的经典范例。那么何为“量纲”？量纲是指一个物理量的基本属性。在物理学中，为了定量地描述各种物理现象，我们需要引用不同的物理量。根据它们之间不同的函数关系，物理量可分为基本量和导出量。基本量是指具有独立量纲的物理量，而导出量则是指其量纲可以表示为基本量量纲组合的物理量。因此，一切导出量均可从基本量中导出，由此建立了所有物理量之间的函数关系。这种函数关系通常称为量制。

1971 年后，国际上普遍采用了国际单位制，选定了由 7 个基本量构成的量制。这 7 个基本量的量纲分别为长度 L、质量 M、时间 T、电流强度 I、温度 θ、物质的量 n 和光强度 J。而任意导出量 A 的量纲 $[A]$ 可以写为

$$[A] = L^{\gamma_1} M^{\gamma_2} T^{\gamma_3} I^{\gamma_4} \theta^{\gamma_5} n^{\gamma_6} J^{\gamma_7}$$

其中 $\gamma_1 \sim \gamma_7$ 称为量纲指数。特别地，若一个物理量的全部量纲指数均为零，则称为无量纲量。比如流体力学中常用的雷诺数、马赫数、普朗特数等，都是无量纲量。

历史上最早引入物理量量纲的是傅里叶，后来雷诺将量纲用于检验物理方程各项的齐次性。1914 年，白金汉提出了著名的 π 定理，奠定了量纲分析的理论基础。

定理 11.1.1 (π 定理) 假设一个物理问题涉及 n 个物理量 $A_1, A_2, \cdots, A_n$，其中包括 m 个基本量 $(m < n)$，则由此可以组合出 $n-m$ 个无量纲量 $\pi_1, \cdots, \pi_{n-m}$。相应地，$A_1, A_2, \cdots, A_n$ 之间存在的任意函数关系

$$f(A_1, A_2, \cdots, A_n) = 0$$

均可以进一步表示为

$$F(\pi_1, \cdots, \pi_{n-m}) = 0$$

证明 假设在国际单位制下每个物理量 A_i 的量纲是

$$[A_i] = L^{\gamma_{1i}} M^{\gamma_{2i}} T^{\gamma_{3i}} I^{\gamma_{4i}} \theta^{\gamma_{5i}} n^{\gamma_{6i}} J^{\gamma_{7i}}, \quad i = 1, \cdots, n$$

等式两端取对数后得到

$$\ln[A_i] = \gamma_{1i} \ln L + \gamma_{2i} \ln M + \gamma_{3i} \ln T + \gamma_{4i} \ln I + \gamma_{5i} \ln\theta + \gamma_{6i} \ln n + \gamma_{7i} \ln J$$

其中 $i = 1, \cdots, n$。我们可以把 $\ln L, \cdots, \ln J$ 看作七维空间的基向量，这样 $\gamma_{1i}, \cdots, \gamma_{7i}$ 实际上就是 $[A_i]$ 在这 7 个基向量上投影的系数。

对于我们所处理的包含 n 个物理量的问题，由于已知其中只有 m 个基本量，而其余 $n-m$ 个都是导出量，因此 n 个 $[A_i]$ 中有且只有 m 个是线性无关的，不妨假设是前 m 个。这说明余下的 $n-m$ 个物理量的量纲都可以表示为前 m 个物理量的量纲的线性组合，即

$$\ln[A_i] = \beta_{1i}\ln[A_1] + \cdots + \beta_{mi}\ln[A_m], \quad i = m+1, \cdots, n$$

由于新的 m 个基向量是线性无关的，因此每一个 $\ln[A_i]$（$i = m+1, \cdots, n$）有唯一解。定义 $n-m$ 个新物理量为

$$\pi_i = \prod_{k=1}^{m} A_k^{-\beta_{ki}} \cdot A_{m+i}, \quad i = 1, \cdots, n-m$$

不难验证每个 π_i 都是无量纲量。因此函数关系也可以写为

$$\begin{aligned} 0 &= f(A_1, A_2, \cdots, A_n) \\ &= f\left(A_1, \cdots, A_m, \pi_1 \prod_{k=1}^{m} A_k^{\beta_{ki}}, \cdots, \pi_{n-m} \prod_{k=1}^{m} A_k^{\beta_{ki}}\right) \\ &= F(A_1, \cdots, A_m, \pi_1, \cdots, \pi_{n-m}) \end{aligned}$$

每一个物理量实际上包含两部分：它的具体数值和相应的物理单位，可以记为 $A_i = a_i[A_i]$。而凡是带入一个函数关系中的实际上都是物理量在某种单位制下的具体数值，即 $0 = f(A_1, A_2, \cdots, A_n) = f(a_1, \cdots, a_n)$。因此，接下来我们考虑对物理量采用不同的物理单位。很显然，这一过程既不改变物理问题，也不改变物理结果（函数关系）。假设将某个物理量的单位改变为原来的 η_i^{-1} 倍，即有 $[A_i'] = \eta_i^{-1}[A_i]$，则相应地，物理量的数值变化为 $a_i' = \eta_i a_i$。特别地，如果我们只改变前 m 个物理量的单位为原来的 $\eta_i = a_i^{-1}$（$i = 1, \cdots, m$）倍，则改变后前 m 个物理量的具体数值分别为 $a_1' = \cdots = a_m' = 1$。将其代入函数关系式后，可知

$$0 = f(A_1, A_2, \cdots, A_n) = F(1, \cdots, 1, \pi_1, \cdots, \pi_{n-m}) = F(\pi_1, \cdots, \pi_{n-m}) \qquad \square$$

下面我们基于量纲分析来研究单摆在重力作用下的运动规律。对于这个问题，在忽略钟摆绳长变化的前提下，可能涉及的物理量有钟摆周期 τ、绳长 l 和重力加速度 g。显然，其中有两个基本量和一个导出量 $[g] = LT^{-2}$，因此可以得到一个无量纲物理量。令

$$\pi = \tau^{\gamma_1} l^{\gamma_2} g^{\gamma_3}$$

要使其成为无量纲量当且仅当 $\gamma_1 - 2\gamma_3 = 0$，$\gamma_2 + \gamma_3 = 0$，从中解出 $\gamma_1 = 1$，$\gamma_2 = -1/2$，$\gamma_3 = 1/2$。这说明钟摆周期

$$\tau \propto \sqrt{\frac{g}{l}}$$

这个结果和理想单摆在小角度摆动下的结果只差一个常系数 2π。有兴趣的读者可以进一步考虑：如果加入单摆质量 m，结果会如何变化？在大角度摆动下，如果加入单摆初始角度 θ_0，结果会如何？

最后，我们用量纲分析来推导勾股定理。显然一个直角三角形的面积 S 可由它的一边（比如斜边 c）和一个锐角 α 决定。α 是无量纲的，因此根据 π 定理可以写出：

$$S = c^2\pi(\alpha)$$

作斜边 c 的垂线将三角形分成两个与原来相似的小直角三角形 S_1, S_2，它们各有一个是 α 的角，而斜边分别是原来三角形的两个直角边 a 和 b，所以它们的面积应该分别满足 $S_1 = a^2\pi(\alpha), S_2 = b^2\pi(\alpha)$。又因为 $S = S_1 + S_2$，所以 $c^2 = a^2 + b^2$，勾股定理得证。

量纲分析的重大意义在于：对于复杂物理问题，当其所涉及的物理量较多时，可以通过 π 定理显著减少问题中参量的个数，这实际上也是对问题进行无量纲化的过程。量纲分析对实验设计具有难以估量的作用。比如在飞行器模拟的风洞试验中，一个基本的实验设计理念是保证实验条件下雷诺数和马赫数等无量纲量与真实飞行条件下的一致性。

11.2 零空间与化学计量矩阵

在初高中学习化学知识时，化学方程式的配平曾是不少同学的学习难点。而在学习线性代数这门课后，不难看出这不过就是求解线性方程组的一个具体应用。这里我们基于线性代数知识来讨论化学反应动力学中一些更普遍的知识。

考虑一个包含 N 种反应物 $X_1, \cdots, X_N$，M 个反应的非常一般的化学反应系统：

$$\nu_{i1}^+X_1 + \nu_{i2}^+X_2 + \cdots + \nu_{iN}^+X_N \xrightarrow{k_i} \nu_{i1}^-X_1 + \nu_{i2}^-X_2 + \cdots + \nu_{iN}^-X_N，\ i = 1, \cdots, M$$

其中，$k_i > 0$ 为第 i 个反应的速率常数；$\nu_{ij}^{\pm} \geqslant 0$ 为化学反应计量系数，它们的差 $\nu_{ij} = \nu_{ij}^- - \nu_{ij}^+$ 给出了在第 i 个反应中第 j 种物质数量的改变。

化学计量矩阵 $\boldsymbol{\nu} = [\nu_{ij}]$ 在化学反应描述中起到了核心作用。许多化学反应的基本性质可以通过对化学计量矩阵的分析直接得到。首先，我们来讨论化学反应中的原子数守恒。假设参与反应的 N 种反应物总共由 S 种原子 $E_1, \cdots, E_S$ 组合构成，即

$$X_j = z_{j1}E_1 + \cdots + z_{jS}E_S，\ j = 1, \cdots, N$$

我们称矩阵 $\boldsymbol{Z} = [z_{jk}]$ 为该体系的原子系数矩阵，很显然它的每个分量都是非负的。事实上，矩阵 $\boldsymbol{Z}$ 的秩给出了一个系统中线性无关的反应物的最大可能个数。由于矩阵 $\boldsymbol{\nu Z}$ 的第 i 行第 k 列分量就代表了在第 i 个反应中第 k 种原子的数目的改变值，因此化学反应中的原子数守恒就可以很简单地表示为 $\boldsymbol{\nu Z} = \boldsymbol{0}$。

进一步，在上述化学反应过程中，是否存在某些反应物或者反应物的线性组合（称为复合物）的摩尔数不随反应发生改变呢？这就涉及化学计量矩阵 $\boldsymbol{\nu}$ 的右零空间。事

实上，所有满足 $\boldsymbol{\nu}\vec{c}=\vec{0}$ 的向量，都是在 M 个化学反应过程中摩尔数不会发生变化的复合物，因此它们也称为守恒量。由于守恒量的摩尔数不会随着化学反应的进行发生改变，因此确定守恒量在化学反应动力学模型的研究中扮演着相当重要的角色。与此类似，原子系数矩阵 $\boldsymbol{Z}$ 的左零空间实际上给出了化学反应方程式配平的一般准则。

那么，化学计量矩阵的左零空间代表什么？假设存在非零向量 $\vec{a}$ 满足 $\vec{a}\boldsymbol{\nu}=\vec{0}$，则向量 $\vec{a}$ 的每个分量实际上代表所对应的第 i 个化学反应若分别进行 a_i 次，则可以使得整个反应系统中所有物质的摩尔数都不发生变化。也就是系统在依次进行了一圈反应后又可以回到初始状态，这实际上就是环流的定义。很显然，环流的存在与化学反应的某种时间可逆性密切相关，因此在化学反应热力学的研究中具有非常重要的意义。

下面我们以酶反应动力学中著名的米氏反应为例来对上面的概念做一个具体展示。考虑如下反应：

$$\mathrm{E}+\mathrm{S}\xrightarrow{k_1}\mathrm{ES}$$

$$\mathrm{ES}\xrightarrow{k_2}\mathrm{P}+\mathrm{S}$$

其中 E, P, S, ES 分别代表底物、生成物、酶和中间复合物。由此不难写出对应的化学计量矩阵，为

$$\boldsymbol{\nu}=\begin{bmatrix}-1 & 0 & -1 & 1\\ 0 & 1 & 1 & -1\end{bmatrix}$$

容易验证，上述矩阵的左零空间为零维，因此不存在非平凡的环流；而右零空间为两维，因此对应于两个物质守恒律。分别选取右零向量 $\vec{c_1}=(1,1,0,1)^{\mathrm{T}}$ 和 $\vec{c_2}=(0,0,1,1)^{\mathrm{T}}$，可以看到它们分别对应于反应过程中物质（存在于 E, P 和 ES 三种形态）和酶（存在于 S 和 ES 两种形态）的守恒。

为了引入环流，我们考虑再加入一个新的反应：

$$\mathrm{P}\xrightarrow{k_3}\mathrm{E}$$

此时新的化学计量矩阵为

$$\boldsymbol{\nu}=\begin{bmatrix}-1 & 0 & -1 & 1\\ 0 & 1 & 1 & -1\\ 1 & -1 & 0 & 0\end{bmatrix}$$

此时，$\vec{c_1},\vec{c_2}$ 仍然构成了矩阵 $\boldsymbol{\nu}$ 的右零空间；而矩阵 $\boldsymbol{\nu}$ 的左零空间变为一维，可以选取向量 $\vec{a}=(1,1,1)$。这说明对于新的反应系统，若三个反应按 1:1:1 的比例顺序进行一圈，则整个系统回到初始状态。

11.3 特征值与常微分方程稳定性

在常微分方程（组）研究中，我们比较关心方程解的长时间行为，特别是解的稳定性问题，即在方程定态解（也称为平衡解）附近做微小扰动，系统是否还能收敛到

原始的平衡解？这个问题在近地轨道卫星姿态控制等领域都有重要应用。

考虑如下自治形式一般常微分方程组：

$$\frac{\mathrm{d}\vec{x}(t)}{\mathrm{d}t} = \vec{f}(\vec{x}(t))$$

其中 $\vec{f}$ 为满足一定连续性条件的一般多维非线性函数。进一步假设它的某个平衡解为 $\vec{x}^{ss}$，显然满足 $\vec{f}(\vec{x}^{ss}) = \vec{0}$。下面我们围绕这个平衡解做微小扰动 $\tilde{\vec{x}}(t) = \vec{x}^{ss} + \vec{x}'(t)$。将这个解代入方程中，并应用泰勒展开，得

$$\frac{\mathrm{d}\tilde{\vec{x}}(t)}{\mathrm{d}t} = \frac{\mathrm{d}\vec{x}'(t)}{\mathrm{d}t} = \vec{f}(\vec{x}^{ss} + \vec{x}'(t)) \approx \vec{f}(\vec{x}^{ss}) + \boldsymbol{A}(\vec{x}^{ss}) \cdot \vec{x}'(t) + o(\vec{x}'(t))$$

其中 $\boldsymbol{A}(\vec{x}^{ss}) = \left.\frac{\partial \vec{f}}{\partial \vec{x}}\right|_{\vec{x}=\vec{x}^{ss}}$，为 $\vec{f}$ 的雅可比矩阵。注意到由于矩阵 $\boldsymbol{A}$ 实际上和扰动 $\vec{x}'(t)$ 无关，因此不论 $\vec{f}$ 形式如何，我们得到的都是线性方程组。记

$$\frac{\mathrm{d}\vec{x}'(t)}{\mathrm{d}t} = \boldsymbol{A} \cdot \vec{x}'(t)$$

称为在平衡解附近的线性化方程。

下面我们将通过讨论线性化方程的性质来研究原非线性系统的稳定性问题。这种方法首先是由李雅普诺夫在 1892 年提出的，称为李雅普诺夫第一法。简单来说，如果平衡状态 $\vec{x}^{ss}$ 在受到扰动后仍然停留在 $\vec{x}^{ss}$ 的附近，我们就称它在李雅普诺夫意义下是稳定的；进一步，如果平衡状态 $\vec{x}^{ss}$ 在受到微小扰动后最终都会收敛到 $\vec{x}^{ss}$，我们就称它在李雅普诺夫意义下是（局部）渐进稳定的；更进一步，如果平衡状态 $\vec{x}^{ss}$ 在受到任意扰动后最终都会收敛 $\vec{x}^{ss}$，我们就称它在李雅普诺夫意义下是全局渐进稳定的。与之相反，如果平衡状态 $\vec{x}^{ss}$ 在受到某种扰动后状态开始偏离 $\vec{x}^{ss}$，我们就称它在李雅普诺夫意义下是不稳定的。

那么，该如何判断一个动力系统的李雅普诺夫稳定性呢？问题的关键就在于线性化系统矩阵 $\boldsymbol{A}$ 的特征值分布情况。事实上，我们有如下一般结论。

定理 11.3.1 (李雅普诺夫第一稳定性) *当 $\det(\boldsymbol{A}) \neq 0$ 时，零解是线性方程组 $\mathrm{d}\vec{x}'(t)/\mathrm{d}t = \boldsymbol{A} \cdot \vec{x}'(t)$ 的唯一平衡解，并且该平衡解是李雅普诺夫稳定的，当且仅当矩阵 $\boldsymbol{A}$ 的所有特征值的实部小于等于零；更进一步，若矩阵 $\boldsymbol{A}$ 的所有特征值的实部都严格小于零，则平衡解还是全局渐进稳定的。*

这里我们对李雅普诺夫稳定性理论做一点直观解释。因为矩阵 $\boldsymbol{A}$ 是方阵，且 $\det(\boldsymbol{A}) \neq 0$，所以一定存在可逆矩阵 $\boldsymbol{C}$，使得矩阵 $\boldsymbol{A}$ 在相似变换下变成主对角矩阵 $\boldsymbol{CAC}^{-1} = \mathrm{diag}\{\lambda_1, \cdots, \lambda_n\}$，其中 $\lambda_1, \cdots, \lambda_n$ 为矩阵 $\boldsymbol{A}$ 的 n 个特征值。令 $\vec{y}(t) = \boldsymbol{C} \cdot \vec{x}'(t)$，则有

$$\frac{\mathrm{d}\vec{y}}{\mathrm{d}t} = \frac{\boldsymbol{C} \cdot \mathrm{d}\vec{x}'}{\mathrm{d}t} = \boldsymbol{CAC}^{-1}\boldsymbol{C} \cdot \vec{x}'(t) = \mathrm{diag}\{\lambda_1, \cdots, \lambda_n\} \cdot \vec{y}$$

这说明向量 $\vec{y}$ 的各个分量是解耦的，不难求出 $y_i(t)=y_i(0)\exp(\lambda_i)$，$i=1,\cdots,n$。因此，向量 $\vec{y}$ 的各个分量究竟是发散到无穷（对应于李雅普诺夫不稳定），还是收敛到零（对应于李雅普诺夫稳定），完全取决于矩阵 $\boldsymbol{A}$ 的每个特征值的实部是大于零还是小于零，并且发散和收敛方式都是指数型的。特别地，如果某个特征值的实部严格等于零，对应分量将以三角函数形式呈现振荡（也是稳定的，但不是渐进稳定）。严格的证明可以参考动力系统相关书籍。

我们以种群动力学中著名的捕食者–猎物模型（洛特卡–沃尔泰拉模型）为例来具体了解李雅普诺夫稳定性的应用。考虑由兔子和狼构成的一个简单的生态系统，设兔子的种群规模大小为 $x(t)$，狼的种群规模大小为 $y(t)$。进一步假设兔子在没有天敌时的自然繁殖率为常数 a，而被狼捕食的概率为 bxy，即正比于兔子和狼相遇的概率；而狼在有食物来源（捕猎成功）时的繁殖率为 cxy，自然死亡率为 d。由此我们可以构建如下常微分方程组：

$$\begin{cases}\dfrac{\mathrm{d}x}{\mathrm{d}t}=ax-bxy\\[2mm]\dfrac{\mathrm{d}y}{\mathrm{d}t}=cxy-dy\end{cases}$$

不难解出该系统有两个平衡点，分别为 $(0,0)$ 和 $(d/c,a/b)$。前者表示系统中两个种群都灭绝了，而后者则表示该生态系统可以无限维持下去，实现兔子和狼的动态平衡。

下面我们利用李雅普诺夫稳定性理论来分析两个平衡解的稳定性。第一个平衡解是不稳定的。这是因为点 $(0,0)$ 附近的线性化方程的系数矩阵为 $\boldsymbol{A}=\begin{pmatrix}a&0\\0&-d\end{pmatrix}$。显然它的两个特征值一个为正，一个为负，因此是不稳定的。第二个平衡解是稳定的。同样，围绕点 $(d/c,a/b)$ 附近做 LV 方程的线性化，得到系数矩阵 $\boldsymbol{A}=\begin{pmatrix}0&-bd/c\\ac/b&0\end{pmatrix}$。这个矩阵的两个特征值均为虚数 $\pm\sqrt{ad}\mathrm{i}$，这说明该平衡解是中性稳定的，但不是渐进稳定的。通过数值模拟可以看到，它实质上是围绕平衡解的各种周期性轨道。

11.4 二次型与赫维茨问题

德国数学家阿道夫・赫维茨在 1898 年提出如下问题：设 $\mathbb{F}$ 是一个特征不为 2 的数域。给定正整数 r,s,n，等式

$$(x_1^2+\cdots+x_r^2)(y_1^2+\cdots+y_s^2)=z_1^2+\cdots+z_n^2$$

能否存在？其中 $z_1,\cdots,z_n$ 是关于 $(x_1,\cdots,x_r)$ 和 $(y_1,\cdots,y_s)$ 的双线性型。若该等式存在，我们就称 $[r,s,n]$ 类型的等式存在。该问题源自一个古老的著名等式：

$$(x_1^2+x_2^2)(y_1^2+y_2^2)=(x_1y_1-x_2y_2)^2+(x_1y_2+x_2y_1)^2$$

这一古老的等式直接说明 $[2,2,2]$ 类型的等式存在。不难看出在复数域 $\mathbb{C}$ 上，我们有等式 $(x_1+\mathrm{i}x_2)(y_1+\mathrm{i}y_2)=(x_1y_1-x_2y_2)+\mathrm{i}(x_2y_1+x_1y_2)$，两边取模的平方正是如上 $[2,2,2]$ 类型的等式。不难看出，若 $[r,s,n]$ 存在，则 $[r,s,n+1]$ 存在，因为我们可以任意添加零项。

通过类似方法，我们可以在四元数和八元数上用模和乘法的交换性等式 $|xy|=|x||y|$ 推出 $[4,4,4]$ 和 $[8,8,8]$ 类型的等式。尽管四元数和八元数分别由哈密顿和格雷夫斯在 1843 年构造，但是 $[4,4,4]$ 和 $[8,8,8]$ 类型的等式早在 1748 年和 1818 年就已经被瑞士著名数学家欧拉和俄罗斯数学家迪根发现。历史上很长一段时间，数学家热衷于探索 $[16,16,16]$ 类型的等式是否存在，但都没有结果。直到 1898 年, 赫维茨用线性代数的知识证明了如下定理。

定理 11.4.1 $[n,n,n]$ 类型的等式存在当且仅当 $n=1,2,4,8$。

该定理不仅说明 $[16,16,16]$ 类型的等式不存在，还给出了 $[n,n,n]$ 类型等式存在的确切条件。一般形式的赫维茨问题在提出之后的百年时间里得到了一系列的发展，并且被应用于在数学、物理、工程等多个领域。对该问题感兴趣的读者可以参阅文献 [6]。

给定一个正整数 n，我们可以把 n 写成 $n=d\cdot 2^{4a+b}$，其中 $0\leqslant b\leqslant 3$。我们可以定义 $\rho(n):=8a+2^b$。关于赫维茨问题，拉东在 1922 年证明了如下定理。

定理 11.4.2 $[r,n,n]$ 类型的等式在实数域 $\mathbb{R}$ 上存在当且仅当 $r\leqslant\rho(n)$。

赫维茨在 1923 年独立地证明该定理对复数域 $\mathbb{C}$ 的情况，该定理中的数 $\rho(n)$ 称为赫维茨–拉东数。这一定理与拓扑学有着深刻的联系，20 世纪 50 年代，数学家们发现用 $[\rho(n),n,n]$ 的等式可以构造出 $n-1$ 维球面 S^{n-1} 上 $\rho(n)-1$ 个线性无关的向量场。英国数学家亚当斯在 1962 年用 K 理论的方法证明了 $n-1$ 维球面 S^{n-1} 上不能找到 $\rho(n)$ 个线性无关的向量场，这正是拓扑学里著名的球面上的向量场问题。但是，对于不相同的数 r,s,n，$[r,s,n]$ 类型等式存在的确切条件依然未知。

一个很自然的问题就是，赫维茨问题是否和域的选取有关，即能否找到一个 $[r,s,n]$ 类型的等式在一个域 F 上存在但在另一个域 F_1 上不存在？根据经验，夏皮罗进行了以下推测。

猜想 11.4.1 $[r,s,n]$ 等式的存在性与（特征不为 2 的）域的选取无关。

事实上，已知的 $[r,s,n]$ 等式的构造都可以在 $\mathbb{Z}$ 上来完成。另外，历史上，霍普夫条件和阿蒂亚–尤兹文斯基条件可以用来判别实数上 $[r,s,n]$ 等式的不存在性。最近，达格和伊萨克森证明了用霍普夫条件判别 $[r,s,n]$ 的不存在性与域的选取无关，本书的第二作者证明了用阿蒂亚–尤兹文斯基条件判别 $[r,s,n]$ 的不存在性与域的选取无关。这一系列结果都给出了夏皮罗猜测的证据。

附录 A　集合与映射

A.1　集合的概念

定义 A.1.1　**集合**是对不同对象的收集。集合中的对象叫作**元素**。

集合中的元素可以是任何事物，例如人、物、字母或数字。通常用大写字母 A,B,C,D,X,Y 表示集合，用小写字母 a,b,c,d,x,y 表示元素。若元素 x 在集合 X 中，则记作 $x \in X$，否则记作 $x \notin X$。注意，集合中不允许相同的元素出现两次。

定义 A.1.2　若任给 $y \in Y$ 都有 $y \in X$，则称 Y 是 X 的**子集**，记作 $Y \subseteq X$ 或 $X \supseteq Y$。若 $X \subseteq Y$ 且 $Y \subseteq X$，则称 X 与 Y **相等**，记作 $X = Y$。

若某种性质 $(\star)$ 完全刻画了集合 X 的元素，则采用如下记号：

$$X = \{x \mid x \text{ 满足性质 } (\star)\}$$

例如，设 $X = \mathbb{Q}$ 是所有有理数的集合，则所有整数的集合实际上构成 $\mathbb{Q}$ 的一个子集，记作 $\{x \mid x \in \mathbb{Q} \text{ 且} x \text{ 是整数}\}$。

下面我们列举一些特殊的集合：

- **空集**是不含有任何元素的集合。
- **有限集**是元素个数有限的集合 X，并称元素的个数为集合的**阶**，记作 $|X|$。
- **无限集**是元素的个数无限的集合。

A.2　集合的运算

我们介绍集合的如下基本运算。

- **并集**：设 X 和 Y 为集合，定义集合的并为

$$X \cup Y := \{x \mid x \in X \text{ 或 } x \in Y\}$$

- **交集**：设 X 和 Y 为集合，定义集合的交为

$$X \cap Y := \{x \mid x \in X \text{ 且 } x \in Y\}$$

- **笛卡尔积**：设 X 和 Y 为集合，定义 X 和 Y 的笛卡尔积为

$$X \times Y := \{(x,y) \mid x \in X, y \in Y\}$$

- **差集**：设 Y 是 X 的子集，定义 Y 在 X 中的差集为

$$X \backslash Y := \{x \mid x \in X, x \notin Y\}$$

该集合通常也可以用记号 Y^c 来表示。

- **相对差集**：设 Z 和 Y 都是 X 的子集，定义

$$Z\backslash Y := \{x \mid x \in Z, x \notin Y\}$$

注意，相对差集与差集不同的地方是相对差集不一定需要 $Y \subseteq Z$。

注记 A.2.1　不难证明 $|X \cup Y| = |X| + |Y| - |X \cap Y|$，这就是容斥原理。

A.3 映射

定义 A.3.1　设 X, Y 为两个集合。如果对每个元素 $x \in X$ 都有 Y 中唯一的元素 y 与之对应，我们称此对应关系为从 X 到 Y 的**映射**，记为

$$f : X \to Y，\ x \mapsto y = f(x)$$

集合 X 称为映射 f 的**定义域**，集合 $f(A) := \{f(x) \mid x \in X\} \subseteq Y$ 称为映射 f 的**像集**。

定义 A.3.2　设 $f : X \to Y$ 是集合间的映射。

- 若任给元素 $x_1, x_2 \in X$ 满足 $f(x_1) = f(x_2)$，都可以推出 $x_1 = x_2$，则称 f 为**单射**。
- 若任给元素 $y \in Y$，都可以找到元素 $x \in X$ 使得 $f(x) = y$，则称 f 为**满射**。
- 如果 f 既是单射也是满射，则称 f 为**双射**。

定义 A.3.3　设 $f : X \to Y$ 和 $g : Y \to Z$ 均为映射，称映射

$$g \circ f : X \to Z，\ x \mapsto g(f(x))$$

为 f 与 g 的**复合**。

例子 A.3.1　设 X 是集合，Y 是 X 的子集，则我们有自然的包含映射 $i : Y \to X$，$y \mapsto y$。若 $X = Y$，则称 i 为恒等映射，记作 id_X。

注记 A.3.1　可以证明 $f : X \to Y$ 是双射当且仅当存在一个映射 $f^{-1} : Y \to X$ 使得 $f^{-1} \circ f = \mathrm{id}_X$ 且 $f \circ f^{-1} = \mathrm{id}_Y$。称 f^{-1} 为 f 的逆映射。

附录 B 数域

定义 B.0.1 设 $\mathbb{F}$ 是集合。假设 $\mathbb{F}$ 上存在两个映射：

$$+:\mathbb{F}\times\mathbb{F}\to\mathbb{F}$$

$$\cdot:\mathbb{F}\times\mathbb{F}\to\mathbb{F}$$

且满足如下性质：

- (结合律) $(a+b)+c=a+(b+c)$ 且 $(ab)c=a(bc)$，$\forall a,b,c\in\mathbb{F}$。
- (交换律) $a+b=b+a$ 且 $ab=ba$，$\forall a,b\in\mathbb{F}$。
- (分配律) $a(b+c)=ab+bc$，$\forall a,b,c\in\mathbb{F}$。
- (零元和幺元) 存在元素 $0,1\in\mathbb{F}$，使得 $a+0=a$ 且 $a1=a$，$\forall a\in\mathbb{F}$。
- (加法逆元)$\forall a\in\mathbb{F}$，存在元素 $(-a)\in\mathbb{F}$ 使得 $a+(-a)=0$。
- (乘法逆元)$\forall a\in\mathbb{F}\backslash\{0\}$，存在元素 $a^{-1}\in\mathbb{F}\backslash\{0\}$ 使得 $aa^{-1}=1$。

则称 $\mathbb{F}$ 是**数域**。

例子 B.0.1 $\mathbb{Q}$, $\mathbb{R}$, $\mathbb{C}$ 在普通加法和乘法下都构成数域。但 $\mathbb{Z}$ 不是数域，因为 2 的乘法逆元 1/2 不在 $\mathbb{Z}$ 中。

例子 B.0.2 可以验证 $\mathbb{R}$ 的子集

$$\mathbb{Q}(\sqrt{5}):=\{a+\sqrt{5}b\mid a,b\in\mathbb{Q}\}$$

在通常的加法和乘法下构成数域。

数域中元素的个数不一定是无限的，也可能是有限的。

例子 B.0.3 设 p 是素数，$\mathbb{F}_p=\{0,1,\cdots,p-1\}$ 是含有 p 个元素的集合。对于任意整数 n，我们记 $[n]$ 为 n 除 p 的余数，故 $[n]\in\mathbb{F}_p$。定义

$$[m]+[n]:=[m+n]$$

$$[m][n]:=[mn]$$

可以验证集合 $\mathbb{F}_p$ 在上述定义的加法和乘法下构成一个数域。这个域只有 p 个元素，通常称为阶为 p 的伽罗瓦域，是有限域中最基本的一种。

不难验证，数域中的元素满足以下基本性质。

命题 B.0.1 设 $\mathbb{F}$ 是数域，$a,b\in\mathbb{F}$。

(1) $0a=0$;

(2) $(-1)a=-a$;

(3) $(ab)^{-1}=b^{-1}a^{-1}$。

证明 (1) $0a+0a=(0+0)a=0a$，故 $0a=0$。

(2) $(-1)a+a=(-1)a+1a=[(-1)+1]a=0a=0$，故 $(-1)a=-a$。

(3) $abb^{-1}a^{-1}=b^{-1}a^{-1}ab=1$，故 $(ab)^{-1}=b^{-}a^{-1}$。 □

参考文献

[1] 丘维声. 高等代数 [M]. 3 版. 北京: 高等教育出版社, 2015.

[2] 张贤科. 高等线性代数 [M]. 北京: 高等教育出版社, 2012.

[3] 同济大学数学科学学院. 工程数学: 线性代数 [M]. 7 版. 北京: 高等教育出版社, 2023.

[4] 任广千, 谢聪, 胡翠芳. 线性代数的几何意义 [M]. 西安: 西安电子科技大学出版社, 2015.

[5] AXLER S. Linear Algebra Done Right [M]. 4th ed. Cham: Springer, 2024.

[6] SHAPIRO D B. Compositions of quadratic forms [M]. Berlin: Walter de Gruyter, 2000.

[7] STRANG G. Introduction to Linear Algebra [M]. 5th ed. Wellesley: Wellesley-Cambridge Press, 2016.